계산이 빨라지는
인도 베다수학

ZERO KARA WAKARU INDO NO SUGAKU

계산이 빨라지는
인도 베다수학

마키노 다케후미 지음

비바우 칸트 우파데아에 · 가도쿠라 다카시 감수

고선윤 옮김

바이킹

○ 머리말

인도수학의 원리를 알 수 있는 가장 좋은 입문서

　지금 세계는 인도를 주목하고 있습니다. 최근 인도는 7퍼센트가 넘는 경제성장률을 기록하고 있으며, 앞으로도 높은 성장률이 계속될 전망입니다.

　인도의 고성장을 지탱하고 있는 것은 소프트웨어를 중심으로 한 IT(정보기술) 관련 산업입니다. IT산업에 종사하는 우수한 인도 엔지니어들이 전 세계의 기업에서 다양한 업무를 담당하고 있습니다.

　실제로 인도인들은 이공계 분야에서 세계적인 활약을 하고 있습니다. 예를 들어 오늘날 많은 사람들이 이용하고 있는 인터넷 무료 메일 서비스 '핫메일 (hotmail)'을 처음으로 만든 사람은 당시 스물여섯 살이었던 사비어 바티아입니다. 그는 자신이 개발한 '핫메일'을 마이크로소프트사에 판매하여 엄청난 부를 거머쥐게 되었습니다. 또한 인텔에서 초소형 연산처리장치(MPU)의 펜티엄프로세서를 개발한 비노드 담은 인도 델리 대학에서 공부한 후 미국으로 건너가 많은 업적을 남겼습니다. 선마이크로시스템스의 창립자 중 한 명인 비노드 코슬라도 유명합니다. 그는 인도에서도 최고로 손꼽히는 인도공과대학을 졸업했습니다. IT기업이 모여 있는 미국 서부의 실리콘밸리에는 수많은 인도인이 활약하고 있습니다. 여기에서 일하는 소프트웨어 엔지니어의 약 15퍼센트 정도가 인도 출신이라고 합니다.

　인도가 이토록 우수한 인재를 배출한 배경에는 수준 높은 수학교육이 자리 잡고 있습니다. 인도는 원래 수학이 매우 발달한 나라입니다. 0의 개념을 발명하고 십진법과 자릿수의 기본 개념을 확립한 것도 고대 인도인들입니다.

인도의 수학교육은 매우 철저합니다. 이를테면 일반적으로는 구구단을 9단까지만 배우지만, 인도의 초등학교에서는 19단까지 배웁니다. 물론 구구단은 수학적 능력이라기보다는 암기 능력입니다. 암기량이 많다고 해서 수학을 잘할 수 있는 것은 아닙니다.

　　인도의 수학 초등교육이 우수한 이유는 단순히 계산 방법을 외우는 것만이 아니라 논리적 사고력을 동시에 키워 가기 때문입니다. 또한 고등교육의 교과 과정은 논리력을 키울 수 있는 증명 문제가 주를 이루는데, 초등교육 단계부터 수학적으로 사고하는 훈련을 해왔기 때문에 인도 학생들은 고등교육 과정에 올라갔을 때 어려운 증명 문제도 잘 풀 수 있습니다.

　　이 책은 인도수학을 처음 접하는 사람들도 쉽게 이해할 수 있는 가장 좋은 인도수학 입문서입니다. 지금까지의 인도수학 책들은 계산 문제를 반복하는 것이 많았지만, 이 책은 계산 방법 속에 숨어 있는 수학의 원리에 대해서도 자세하게 설명하고 있습니다. 이 책을 통해서 수학이 재미있어지는 신나는 경험을 만끽할 수 있을 것입니다.

가도쿠라 다카시

○ 차례

머리말 • 4
이 책의 활용법 • 10
공부 계획표 • 12

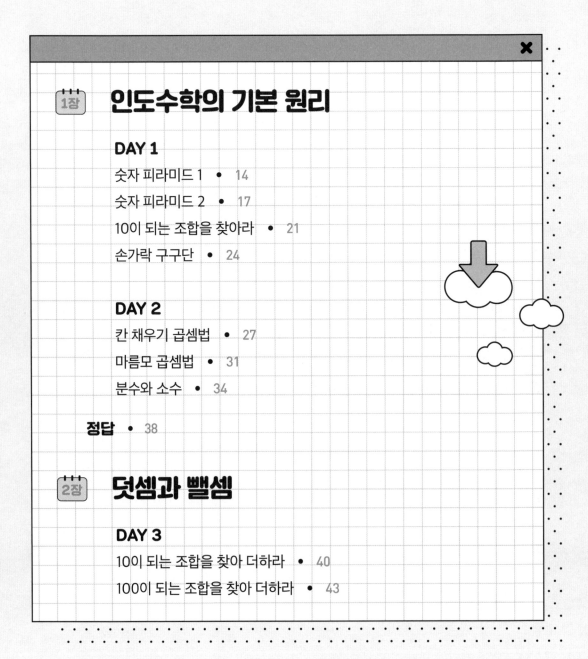

1장 인도수학의 기본 원리

DAY 1

숫자 피라미드 1 • 14
숫자 피라미드 2 • 17
10이 되는 조합을 찾아라 • 21
손가락 구구단 • 24

DAY 2

칸 채우기 곱셈법 • 27
마름모 곱셈법 • 31
분수와 소수 • 34

정답 • 38

2장 덧셈과 뺄셈

DAY 3

10이 되는 조합을 찾아 더하라 • 40
100이 되는 조합을 찾아 더하라 • 43

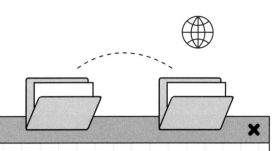

크기가 비슷한 수의 덧셈 • 45

100에 가까운 수의 뺄셈 • 47

DAY 4

보수를 이용하여 빼라 • 48

순서에 상관없이 빼기 쉬운 쪽에서 빼라 • 49

덧셈과 뺄셈이 섞여 있는 계산 • 53

정답 • 56

3장 곱셈

DAY 5

한 자리씩 나누어서 곱하라 • 58

두 자릿수 크로스 계산법 • 60

같은 숫자가 반복되는 곱셈 1 • 63

같은 숫자가 반복되는 곱셈 2 • 65

DAY 6

100에 가까운 수의 크로스 계산법 1 • 68

100에 가까운 수의 크로스 계산법 2 • 70

50에 가까운 수의 곱셈 • 72

200에 가까운 수의 곱셈 • 74

같은 수만큼 큰 수와 작은 수를 곱할 때 • 75

DAY 7

10에 가까운 수의 곱셈 • 78

11을 곱하는 계산법 • 80

25를 곱하는 계산법 • 82

짝수 × 일의 자리가 5인 수 • 84

십의 자리가 같고, 일의 자리의 합이 10인 곱셈 • 85

일의 자리가 같고, 십의 자리의 합이 10인 곱셈 • 86

자릿수가 많은 수는 두 자리씩 나누어서 계산하라 • 87

정답 • 90

4장 나눗셈

DAY 8

반으로 약분해서 계산하라 • 92

5로 나누는 계산법 • 94

25로 나누는 계산법 • 95

100에 가까운 수로 나누는 계산 1 • 96

100에 가까운 수로 나누는 계산 2 • 99

100에 가까운 수로 나누는 계산 3 • 102

DAY 9

일의 자리가 9인 수로 나누는 계산법 • 105

일의 자리가 8인 수로 나누는 계산법 • 108

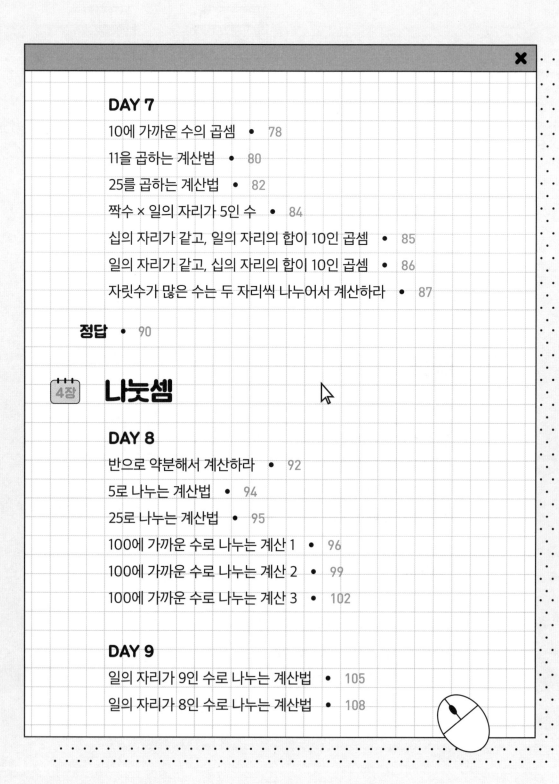

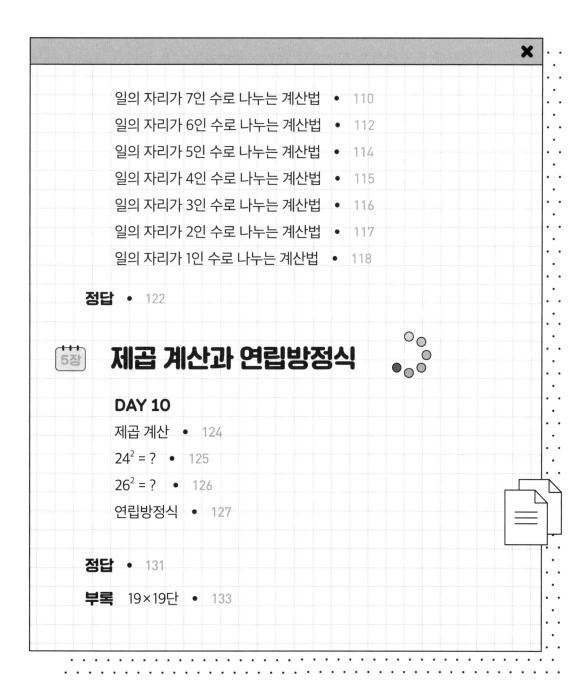

일의 자리가 7인 수로 나누는 계산법 • 110

일의 자리가 6인 수로 나누는 계산법 • 112

일의 자리가 5인 수로 나누는 계산법 • 114

일의 자리가 4인 수로 나누는 계산법 • 115

일의 자리가 3인 수로 나누는 계산법 • 116

일의 자리가 2인 수로 나누는 계산법 • 117

일의 자리가 1인 수로 나누는 계산법 • 118

정답 • 122

5장 제곱 계산과 연립방정식

DAY 10

제곱 계산 • 124

$24^2 = ?$ • 125

$26^2 = ?$ • 126

연립방정식 • 127

정답 • 131

부록 19×19단 • 133

◎ 이 책의 활용법

인도수학의 계산 방법은 학교에서 배우는 방법과는 많은 차이가 있습니다. 본문을 읽고 원리를 이해한 다음 연습문제를 풀어 보세요. 계산 방법에 익숙해지도록 구성되어 있습니다.

처음에는 계산하지 말고 읽기만 하자

처음부터 연습문제를 풀 필요는 없습니다. 먼저 본문을 읽고 "이런 계산 방법도 있구나"라고 대강 이해하기만 하면 됩니다. 어려운 내용은 건너뛰어서 다음에 읽어도 상관없어요. 모르는 부분이 있어도 우선 끝까지 읽고, 인도수학이란 어떤 것인지 인식하는 것이 중요합니다.

실제로 연습문제를 풀어 보자

끝까지 읽은 다음에는 다시 한번 처음부터 본문을 읽으면서 각 장의 연습문제를 풀어 보세요. 생각보다 간단하다는 생각이 든다면 머릿속에 인도수학이 자리 잡았다는 증거입니다. 자신감을 가지고 문제를 풀어 봅시다. 어려워서 잘 풀리지 않는 문제는 나중에 다시 보기로 하고 다음 문제로 넘어가는 것이 좋습니다.

'읽기'와 '풀기'를 반복해야 진정한 수학 실력이 생겨요

모르는 문제는 건너뛰고, 알 것 같은 문제를 먼저 푸는 것은 시험은 물론 수학 실력을 키우는 데 매우 효과적인 방법입니다. '읽기'와 '풀기'를 반복해서 원리를 완전히 이해한 문제 수가 많아지다 보면 수학 실력이 몰라보게 좋아질 거예요.

단계별로 원리를 설명해요

계산 방법을 단계별로 차근차근 설명했습니다. 원리를 잘 파악한 다음 꾸준히 연습하면 자유자재로 계산할 수 있습니다.

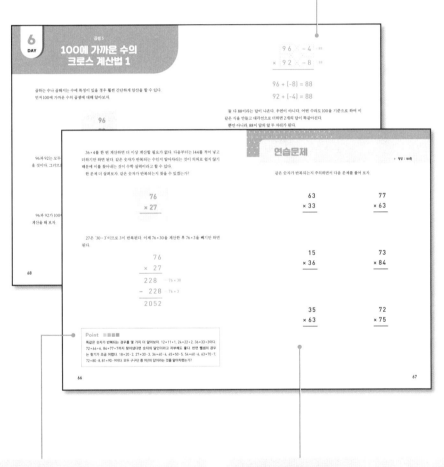

핵심 POINT!

계산을 쉽게 할 수 있도록 도와줘요. 계산 시 꼭 기억해야 할 부분, 주의해야 할 사항 등을 알려 줍니다.

연습문제를 풀어 봐요

앞에서 배운 원리를 적용하는 연습문제를 담았습니다. 잘 풀리지 않는 문제는 나중에 다시 도전해 보세요. 복습을 통해 계산 능력을 높일 수 있어요. 한 번 푸는 것으로 끝내지 말고, 여러 차례 반복해 풀어 보세요.

◎ 공부 계획표

아래 예시를 활용하여 스스로 공부 계획을 세워 보세요. 이해가 되지 않는 부분은 다시 차근차근 살펴보고, 틀린 문제가 많은 부분은 한 번 더 도전해 보세요.

DAY 1 — 공부한 날(　월　일)

연습문제 (16쪽)	연습문제 (19쪽)	연습문제 (23쪽)
6문제	4문제	8문제

DAY 2 — 공부한 날(　월　일)

연습문제 (26, 30쪽)	연습문제 (33, 37쪽)
11문제	19문제

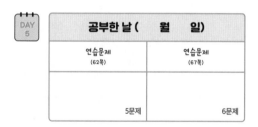

DAY 3 — 공부한 날(　월　일)

연습문제 (42쪽)	연습문제 (44쪽)
6문제	8문제

DAY 4 — 공부한 날(　월　일)

연습문제 (52쪽)	연습문제 (55쪽)
8문제	4문제

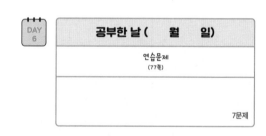

DAY 5 — 공부한 날(　월　일)

연습문제 (62쪽)	연습문제 (67쪽)
5문제	6문제

DAY 6 — 공부한 날(　월　일)

연습문제 (77쪽)
7문제

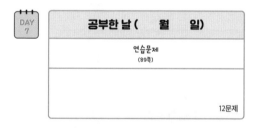

DAY 7 — 공부한 날(　월　일)

연습문제 (89쪽)
12문제

DAY 8 — 공부한 날(　월　일)

연습문제 (104쪽)
12문제

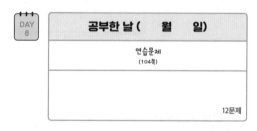

DAY 9 — 공부한 날(　월　일)

연습문제 (120쪽)
18문제

DAY 10 — 공부한 날(　월　일)

연습문제 (131쪽)
6문제

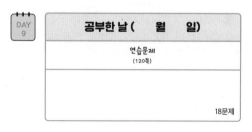

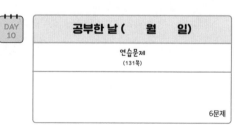

1장

인도수학의 기본 원리

MATH

인도수학의 기본 원리 1

숫자 피라미드 1

인도의 초등학교에서는 어떤 문제를 풀까?

$$1 \times 9 + 1 \times 2 =$$

암산으로 쉽게 풀 수 있는 문제이다.

다음 문제를 보자.

$$12 \times 18 + 2 \times 3 =$$

이번에는 암산으로 계산하기 힘들다. 그런데 인도의 학생들은 이 문제도 암산으로 해결할 뿐 아니라, "너무 재미있다!"라고 환성을 올린다. 그 이유는 두 문제를 나열해 보면 알 수 있다.

$$1 \times 9 + 1 \times 2 = 11$$

$$12 \times 18 + 2 \times 3 = 222$$

'답의 숫자가 신기하게 나열되어 있다'는 것을 알아차렸는가?

다음에 제시될 문제의 답은 이미 알고 있다. 3333이 될 것이다. 그렇다면 식은 어떻게 될까? 찾아내기가 쉽지 않을 것이다.

인도에서는 시간이 아무리 오래 걸리더라도 여러 가지 식을 적어 보며 올바른 답을 찾는 수업을 한다. 그리고 시행착오 끝에 식의 구조까지 생각해 내는 학생도 등장한다.

정답은 다음과 같다.

$$1 \times 9 + 1 \times 2 = 11$$

$$12 \times 18 + 2 \times 3 = 222$$

$$123 \times 27 + 3 \times 4 = 3333$$

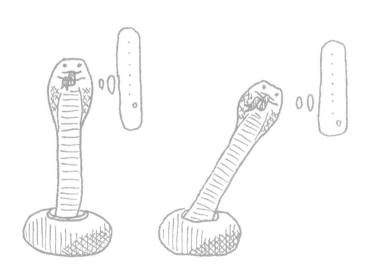

▶ 정답 : 38쪽

숫자 피라미드의 빈칸을 채워 보자.

$1 \times 9 + 1 \times 2 = 11$

$12 \times 18 + 2 \times 3 = 222$

$123 \times 27 + 3 \times 4 = 3333$

$\underline{\quad\quad} \times \underline{\quad\quad} + \underline{\quad\quad} \times \underline{\quad\quad} = 44444$

$\underline{\quad\quad} \times \underline{\quad\quad} + \underline{\quad\quad} \times \underline{\quad\quad} = 555555$

$\underline{\quad\quad} \times \underline{\quad\quad} + \underline{\quad\quad} \times \underline{\quad\quad} = 6666666$

$\underline{\quad\quad} \times \underline{\quad\quad} + \underline{\quad\quad} \times \underline{\quad\quad} = 77777777$

$\underline{\quad\quad} \times \underline{\quad\quad} + \underline{\quad\quad} \times \underline{\quad\quad} = 888888888$

$\underline{\quad\quad} \times \underline{\quad\quad} + \underline{\quad\quad} \times \underline{\quad\quad} = 9999999999$

숫자 피라미드 2

'수학을 잘 못한다', '수학이 싫다'는 사람이 많다. 학교에서 계산 방법만 배울 뿐 왜 그렇게 되는지에 대해서는 생각할 기회가 없기 때문이다. 그래서 배우지 않은 문제가 나오면 금세 포기해 버린다. 하지만 사실 수(數)는 아주 아름다운 규칙을 가지고 있기 때문에 푸는 방법을 스스로 찾을 수 있다.

인도 초등학교의 수학 수업을 한 가지 더 살펴보자.

$$1 \times 1 =$$

너무 간단하다. 하지만 다음 문제는 암산으로 풀기에는 조금 어렵다.

$$11 \times 11 =$$

답은 121이다.

세 번째 문제를 보자.

$$111 \times 111 =$$

답을 구하기 전에 위 문제들을 피라미드 모양으로 나열해 보자.

$$1 \times 1 = 1$$
$$11 \times 11 = 121$$
$$111 \times 111 = \boxed{?}$$

답이 보이지 않는가?

전자계산기나 연필로 계산하지 말고 답을 예측해 보자.

1에서 시작해서 숫자가 점점 커지다가 다시 1로 돌아간다. 이런 구조가 보인다면 성공이다. 다음부터는 계산하지 않고도 답을 찾을 수 있다. 왜 그렇게 되는지 이해하지 못해도 좋다. 놀이하듯 수학을 대하면서 수학에 재미를 느끼다 보면 어느 날 갑자기 깨닫게 될 것이다. 우선 숫자 피라미드를 즐겨 보자.

연습문제

▶ 정답 : 38쪽

숫자 피라미드를 완성해 보자.

$$1 \times 1 = 1$$
$$11 \times 11 = 121$$
$$111 \times 111 = 12321$$
$$1111 \times 1111 =$$
$$11111 \times 11111 =$$
$$111111 \times 111111 =$$
$$1111111 \times 1111111 =$$
$$11111111 \times 11111111 =$$
$$111111111 \times 111111111 =$$

$$2 \times 2 = 4$$
$$22 \times 22 = 484$$
$$222 \times 222 = 49284$$
$$2222 \times 2222 = 4937284$$
$$22222 \times 22222 =$$
$$222222 \times 222222 =$$
$$2222222 \times 2222222 =$$
$$22222222 \times 22222222 =$$
$$222222222 \times 222222222 =$$

19

$$3 \times 3 = 9$$
$$33 \times 33 = 1089$$
$$333 \times 333 = 110889$$
$$3333 \times 3333 = 11108889$$
$$33333 \times 33333 =$$
$$333333 \times 333333 =$$
$$3333333 \times 3333333 =$$
$$33333333 \times 33333333 =$$
$$333333333 \times 333333333 =$$

$$4 \times 4 = 16$$
$$44 \times 44 = 1936$$
$$444 \times 444 = 197136$$
$$4444 \times 4444 = 19749136$$
$$44444 \times 44444 =$$
$$444444 \times 444444 =$$
$$4444444 \times 4444444 =$$
$$44444444 \times 44444444 =$$
$$444444444 \times 444444444 =$$

10이 되는 조합을 찾아라

숫자 피라미드를 보고 좌절하는 사람이 있다면 아직 포기하기에는 이르다. 학교에서 배우지는 않았지만 누구나 인도식으로 계산을 하고 있기 때문이다.

$$7 + 9 + 3 + 6 + 4 + 1 =$$

이 문제를 '7에 9를 더하면 16, 16에 3을 더하면 19, 19에 6을 더하면 25…'라고 처음부터 순서대로 계산하는 사람은 드물다. 7과 3을 더해 10을 만들면 계산이 쉬워지기 때문이다. 9와 1을 더해도 10이 되고, 6과 4를 더해도 10이 된다.

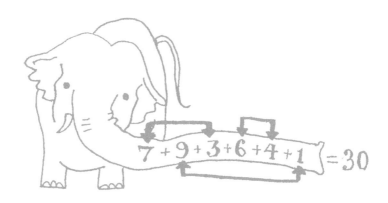

손가락셈을 하거나 종이에 적지 않아도 답이 30이라는 것을 알 수 있다. '더해서 10이 되는 조합을 찾는다'는 인도수학의 기본적인 원리를 우리도 자연스럽게 알고 있다.

그럼 곱셈의 경우는 어떨까?

$$2 \times 7 \times 5 \times 3 =$$

처음부터 순서대로 계산하지 말고, 곱해서 10이 되는 조합을 찾아보자.

2와 5를 곱하면 10이 되기 때문에 실제로 계산하는 것은 '7 × 3'뿐이다. 답은 21에 10을 곱한 210이다.

인도수학의 원리는 사실 간단하다. 계산을 보다 빠르고 쉽게 할 수 있는 방법을 고민하다 보면 숫자의 구조가 보이게 되고 수학 실력이 길러진다.

연습문제

▶ 정답 : 38쪽

10 또는 100이 되는 조합을 찾으면서 계산해 보자.

$8 + 6 + 4 + 9 + 2 + 1 =$ _____

$5 + 2 + 3 + 7 + 8 + 5 =$ _____

$73 + 67 + 8 + 33 + 92 + 27 =$ _____

$54 + 12 + 77 + 88 + 23 + 46 =$ _____

$9 \times 5 \times 7 \times 2 =$ _____

$9 \times 25 \times 3 \times 4 =$ _____

$5 \times 5 \times 20 \times 12 =$ _____

$11 \times 25 \times 4 \times 4 =$ _____

손가락 구구단

인도가 수학을 잘하는 비밀이 구구단 때문이라고 지적하는 사람들이 있다. 일반적인 구구단은 1×1에서 9×9까지 81가지인데, 인도에서는 30×30까지 900가지를 외운다. 때문에 인도 사람이 수학을 잘하는 것은 당연하다고 생각할지 모르지만, 인도수학의 비밀은 다른 곳에 있다.

인도 아이들은 놀이 속에서 자연스럽게 수학을 공부한다. 구구단을 30단까지 외우는 것은 즐겁게 수학을 공부한 결과일 뿐이다.

한편 프랑스에서는 5×5까지만 외운다. 6×7이나 8×9는 손가락으로 계산한다. (손가락 구구단은 6단부터 9단까지 계산할 수 있다.) 프랑스식으로 6×8을 계산해 보자.

먼저 좌우 손가락을 구부려 6과 8을 만든다.

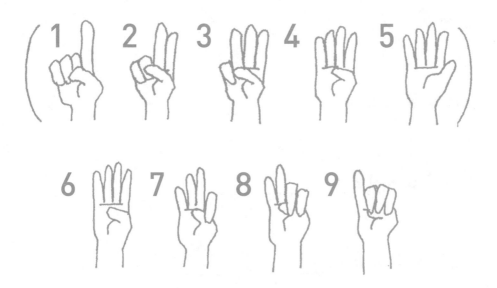

구부린 손가락 개수를 더한다.

왼손은 1, 오른손은 3이므로 1 + 3 = 4. 십의 자리 값은 4가 된다.
다음에는 세우고 있는 손가락 개수를 곱한다.

세우고 있는 손가락 개수

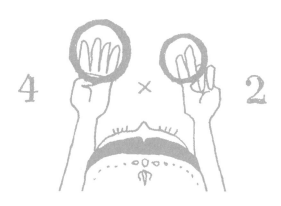

왼손은 4, 오른손은 2이므로 4 × 2 = 8. 일의 자리 값은 8이 된다.
답은 48이다.

복잡해 보이지만 익숙해지면 간단하다. 손가락을 보기만 하면 답이 바로 나온다. 더 익숙해지면 손가락을 상상하는 것만으로 구구단을 외우는 속도와 똑같이 계산할 수 있다.

▶ 정답 : 38쪽

손가락 구구단으로 계산해 보자.(구부린 손가락을 곱한 값, 즉 일의 자리가 10 이상일 때는 십의 자리를 1을 올려 준다.)

6 × 6 =

9 × 9 =

7 × 9 =

5 × 9 =

8 × 7 =

7 × 6 =

칸 채우기 곱셈법

일반적인 방법으로 345 × 65를 계산해 보자.

$$
\begin{array}{r}
345 \\
\times \quad 65 \\
\hline
1725 \\
2070 \\
\hline
22425
\end{array}
$$

5 × 5 = 25이므로 2를 올려 주고 4 × 5를 계산해야 하는데, 이때 올린 숫자가 얼마였는지 잊어버리곤 한다. 그래서 4 위에 2를 기록해 두는 사람도 많다.

인도수학의 '칸 채우기 곱셈법'은 구구단만 외우고 있으면 복잡한 곱셈도 쉽게 해결할 수 있다.

우선 다음과 같이 칸을 그린 후 위쪽에 3, 4, 5, 오른쪽에 6, 5를 차례대로 적는다.

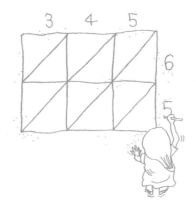

칸 안에 구구단의 답을 쓴다. 3 × 6 = 18이므로 1과 8을 써 넣는다.

같은 방법으로 칸을 모두 채운다.

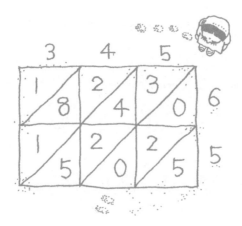

여기서부터가 중요하다. 사선으로 띠 모양이 보일 것이다.

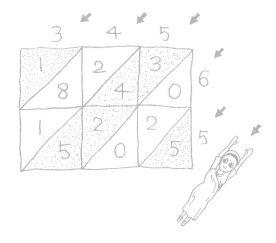

오른쪽 아래 칸부터 띠 안의 숫자들을 더하면 답이 나온다.

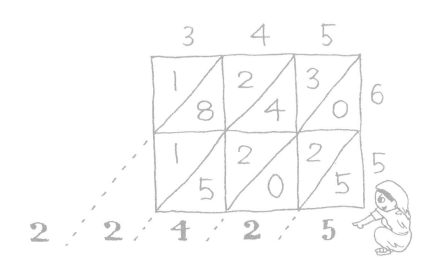

　단, 덧셈한 값이 10이 넘으면 앞쪽으로 1을 올려 준다. 올림이 있기는 하지만, 덧셈만 하기 때문에 그리 어렵지 않다. 물론 덧셈을 할 때는 순서대로 하지 말고 10이 되는 조합을 찾아서 더한다.

칸 채우기 곱셈법으로 다음 문제를 풀어 보자.

24 × 98 = _____

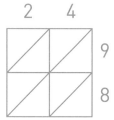

87 × 33 = _____

874 × 730 = _____

4728 × 6392 = _____

7609 × 8299 = _____

마름모 곱셈법

인도수학 특유의 곱셈 방법을 한 가지 더 살펴보자. 마름모만 그리면 답이 나오는 신기한 방법이다.

13×32를 계산해 보자.
먼저 13을 선으로 나타낸다.
십의 자리의 수 1과 일의 자리의 수 3을 간격을 두고 따로따로 그리는데, 이때 선의 각도는 45도가 되어야 한다.

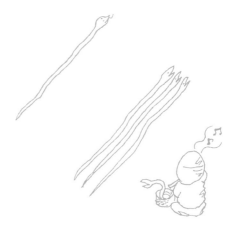

다음은 32.
선 3개와 2개를 앞서 그은 선들과 엇갈리게 그려 마름모 모양을 만든다.

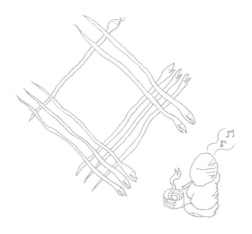

오른쪽부터 두 선이 교차하는 지점의 개수를 센다. 만약 10이 넘으면 왼쪽으로 1을 올려 준다. 답은 416이다.

실은 신기한 방법도 아니다. 일반적인 계산 방법을 도형으로 나타냈을 뿐이다.

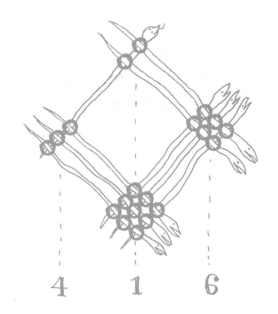

이번에는 세 자리×두 자리 곱셈인 143×23을 계산해 보자.

정확하게 45도 기울기로 그리는 것이 비결이다.

마름모 곱셈법은 일일이 선을 그려야 하기 때문에 실용적이지 못하지만, 숫자를 시각적으로 파악할 수 있다는 장점이 있다. 이 계산법을 통해 엄청난 수학적 발견을 하게 될지도 모른다.

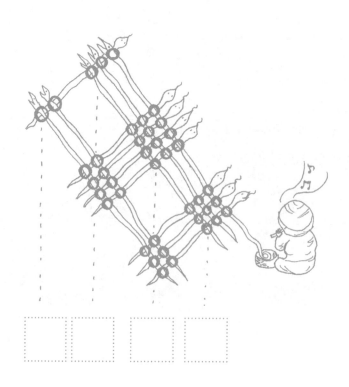

연습문제

▶ 정답 : 38쪽

다음 문제를 마름모 곱셈법으로 풀어 보자.

32 × 34 = _____   65 × 32 = _____

212 × 34 = _____   763 × 54 = _____

213 × 432 = _____   763 × 654 = _____

분수와 소수

분수가 재미있어지는 신기한 문제를 풀어 보자. 분수를 소수로 고쳐 수의 크기를 알아보는 문제이다.

$$\frac{1}{4} = 0.25$$

$$\frac{2}{4} = 0.5$$

$$\frac{3}{4} = 0.75$$

$$\frac{4}{4} = 1.0$$

이처럼 분모가 4일 때는 그리 어렵지 않다. 그렇다면 분모가 9일 때는 어떨까?

$$\frac{1}{9} = 0.11111\cdots$$

$$\frac{2}{9} = 0.22222\cdots$$

$$\frac{3}{9} = 0.33333\cdots$$

$$\frac{4}{9} = 0.44444\cdots$$

$$\frac{5}{9} = 0.55555\cdots$$

$$\frac{6}{9} = 0.66666\cdots$$

$$\frac{7}{9} = 0.77777\cdots$$

$$\frac{8}{9} = 0.88888\cdots$$

분모가 9인 분수를 소수로 바꾸면 분자와 같은 수가 무한히 이어진다.
분모가 11일 때는,

$$\frac{1}{11} = 0.090909\cdots$$

$$\frac{2}{11} = 0.181818\cdots$$

$$\frac{3}{11} = 0.272727\cdots$$

$$\frac{4}{11} = 0.363636\cdots$$

$$\frac{5}{11} = 0.454545\cdots$$

$$\frac{6}{11} = 0.545454\cdots$$

$$\frac{7}{11} = 0.636363\cdots$$

$$\frac{8}{11} = 0.727272\cdots$$

$$\frac{9}{11} = 0.818181\cdots$$

$$\frac{10}{11} = 0.909090\cdots$$

구구단 중 9단의 답이 반복된다.

분모가 7일 때는 더욱 신기한 일이 일어난다.

$$\frac{1}{7} = 0.142857142857\cdots$$

$$\frac{2}{7} = 0.285714285714\cdots$$

$$\frac{3}{7} = 0.428571428571\cdots$$

$$\frac{4}{7} = 0.571428571428\cdots$$

$$\frac{5}{7} = 0.714285714285\cdots$$

$$\frac{6}{7} = 0.857142857142\cdots$$

'142857'이 계속 반복된다. 처음 시작하는 숫자가 다를 뿐이다. 게다가 $\frac{1}{7}$부터 $\frac{3}{7}$까지는 앞의 두 자리가 구구단 7단의 답이다.

▶ 정답 : 38쪽

분모가 14일 때 소수로 바꾸면 어떤 수가 반복되는지 알아보자.
전자계산기를 사용해도 좋다.

$\frac{1}{14}$ = _____ $\frac{2}{14}$ = _____

$\frac{3}{14}$ = _____ $\frac{4}{14}$ = _____

$\frac{5}{14}$ = _____ $\frac{6}{14}$ = _____

$\frac{7}{14}$ = _____ $\frac{8}{14}$ = _____

$\frac{9}{14}$ = _____ $\frac{10}{14}$ = _____

$\frac{11}{14}$ = _____ $\frac{12}{14}$ = _____

$\frac{13}{14}$ = _____

정답

16쪽

1234×36+4×5=44444

12345×45+5×6=555555

123456×54+6×7=6666666

1234567×63+7×8=77777777

12345678×72+8×9=888888888

123456789×81+9×10=99999999999

19~20쪽

1111×1111=1234321

11111×11111=123454321

111111×111111=12345654321

1111111×1111111=1234567654321

11111111×11111111=123456787654321

111111111×111111111=12345678987654321

22222×22222=493817284

222222×222222=49382617284

2222222×2222222=4938270617284

22222222×22222222=493827150617284

222222222×222222222=49382715950617284

33333×33333=1111088889

333333×333333=111110888889

3333333×3333333=11111108888889

33333333×33333333=1111111088888889

333333333×333333333=1111111110888888889

44444×44444=1975269136

444444×444444=197530469136

4444444×4444444=19753082469136

44444444×44444444=1975308602469136

444444444×444444444=197530863802469136

23쪽

8+6+4+9+2+1=30

5+2+3+7+8+5=30

73+67+8+33+92+27=300

54+12+77+88+23+46=300

9×5×7×2=630

9×25×3×4=2700

5×5×20×12=6000

11×25×4×4=4400

26쪽

6×6=36

7×9=63

8×7=56

9×9=81

5×9=45

7×6=42

30쪽

24×98=2352

87×33=2871

874×730=638020

4728×6392=30221376

7609×8299=63147091

33쪽

32×34=1088

65×32=2080

212×34=7208

763×54=41202

213×432=92016

763×654=499002

37쪽

142857이 반복된다.

2장

덧셈과 뺄셈

덧셈과 뺄셈 1

10이 되는 조합을
찾아 더하라

인도수학의 기본 원리는 수의 성질에서 계산을 쉽게 할 수 있는 방법을 찾는 것이다. 다음 덧셈 문제를 보자.

$$63 + 21 + 42 + 97 =$$

이 문제를 '63에 21을 더하면 84, 84에 42를 더하면…' 하는 식으로 푸는 것은 인도 수학과는 거리가 멀다. 세로로 써 보면 문제가 훨씬 쉬워진다.

$$
\begin{array}{r}
63 \\
21 \\
42 \\
+\ 97 \\
\hline
\end{array}
$$

먼저 일의 자리 3+1+2+7을 계산한다. 이때 더해서 10이 되는 조합인 3+7부터 계산한다. 답이 13이므로 일의 자리에 3을 써 넣고 1을 십의 자리로 올려 준다.

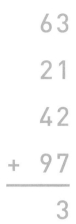

이제 올려 준 1과 조합해서 10을 만들 수 있는 숫자를 찾는다. 1에 6 + 2 + 4 + 9 중에서 9를 더하면 10이 된다. 6과 4도 10을 이루는 조합이다. 10이 전부 2개 만들어지고, 2만 남는다. 십의 자리에 22를 써 넣는다. 답은 223이다.

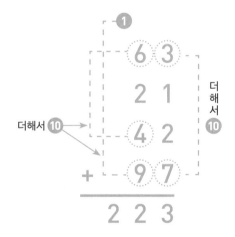

10이 되는 조합을 찾으면서 더하는 방법은 일상생활에서도 자주 사용된다. 동전이 모두 얼마 있는지 셀 때를 생각해 보자. 10원짜리 5개를 50원짜리와 합해서 100원으로 친다. 100원짜리도 10개씩 묶어서 센다. 굳이 10원짜리만 다 세고 난 다음에 50원짜리를 세는 사람은 없을 것이다.

10이 되는 조합을 찾으면서 다음 덧셈을 풀어 보자.

```
    84              44
    31              92
    28              56
 +  32           +  54
 ──────          ──────
```

```
    18             424
    34             531
    98             908
 +  47           + 432
 ──────          ──────
```

```
   209             981
   421             342
   543             324
 + 643           + 911
 ──────          ──────
```

100이 되는 조합을
찾아 더하라

10이 되는 조합을 찾는 덧셈에 익숙해졌다면 다음 문제도 쉽게 풀 수 있다.

$$63 + 18 + 37 + 54 =$$

63과 37을 찾았는가? 100이 되는 조합이다. 물론 이런 문제가 자주 있지는 않지만, 더해서 100이 되는 숫자들이 있다면 놓쳐서는 안 된다.

$$744 + 982 + 432 + 256 =$$

위 문제도 조금만 주의를 기울이면 계산이 빨라진다. 744와 256은 1000이 되는 조합이다.

Point ■■■■
매번 100이나 1000이 되는 조합을 찾으면 오히려 계산이 느려진다. 하지만 더해서 정확하게 떨어지는 조합을 의식하다 보면 수에 대한 감각이 길러질 것이다.

▶ 정답 : 56쪽

100이 되는 조합을 찾으면서 계산해 보자.

73 + 83 + 27 + 17 = _____

89 + 34 + 34 + 66 = _____

91 + 13 + 87 + 13 = _____

97 + 39 + 45 + 61 = _____

1000이 되는 조합을 찾으면서 계산해 보자.

341 + 834 + 659 + 212 = _____

452 + 921 + 548 + 313 = _____

981 + 123 + 842 + 877 = _____

111 + 222 + 889 + 778 = _____

다음 문제를 보자.

$$356 + 362 + 359 + 367 =$$

하나하나 더해야 할 것 같지만, 사실 모두 크기가 비슷한 수들이다. 일일 고객 수나 매출액 등 비슷한 수를 더하는 계산은 우리 주변에서 많이 찾아볼 수 있다. 이런 계산을 할 때에는 순서대로 하나하나 계산할 필요가 없다. 전부 360과 비슷한 크기의 수이므로 아래와 같이 바꾸어 보자.

$$356 = 360 - 4$$
$$362 = 360 + 2$$
$$359 = 360 - 1$$
$$367 = 360 + 7$$

'−4'나 '+2' 같은 360과의 차만 모두 더한다.

즉, $-4+2+(-1)+7=4$. 이 값을 $360 \times 4 = 1440$에 더하면 된다. 답은 1444이다. 익숙해지면 암산도 가능하다.

이 계산 방법을 알면, 평균도 암산으로 구할 수 있다. 수가 4개이므로 앞에서 구한 차의 합 4를 4로 나누고 이를 기준 숫자인 360에 더하면 평균이 나온다.

$(4 \div 4) + 360 = 361$. 답은 361이다.

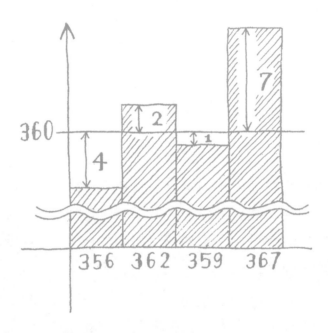

도표로 그려 보면 쉽게 이해할 수 있다. 실제로 계산할 때는 매번 그려 보기 힘들지만 머릿속에 이 같은 도표를 떠올리면 계산이 훨씬 빨라질 것이다.

Point ■■■■
비슷한 크기의 수를 더할 때는 기준으로 삼은 수와의 차만 계산하면 계산이 쉬워진다. 이 방법을 이용하면 평균도 간단하게 구할 수 있다.

100에 가까운 수의 뺄셈

크기가 비슷한 수의 덧셈 방법을 뺄셈에도 응용할 수 있다.

$$96 - 19 =$$

96은 100에 가까운 수이므로, 우선 100이라고 가정하고 100에서 19를 빼면 81이 된다. 그런데 96을 임의로 100으로 바꾼 것이기 때문에 원래 구해야 할 답보다 4가 더 많다. 이를 해결하기 위해서 4를 빼주면 답을 구할 수 있다.

$$81 - 4 = 77$$

Point ■■■■
100에 가까운 수는 우선 100으로 가정하여 계산한 후 넘치는 수와 모자라는 수를 조정한다.

덧셈과 뺄셈 5

보수를 이용하여 빼라

100 – 25를 틀리는 사람은 많지 않지만 1000 – 257 같은 계산은 누구나 어려워한다. 내림을 해주어야 하기 때문이다.

'보수(補數)'를 이용하면 번거로운 내림 계산을 하지 않고 뺄셈을 덧셈처럼 풀 수 있다. 보수 중에서 수학에서 가장 유용하게 쓰이는 것이 '9를 기준으로 한 보수'이다. 보수라는 용어 때문에 어려워 보일지도 모르지만, 9를 기준으로 한 보수는 '보충해서 9가 되는 수', 즉 '더해서 9가 되는 수'이다. 예를 들어 9를 기준으로 3의 보수는 6, 4의 보수는 5이다.

실제로 연습해 보자.

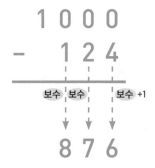

빼는 수의 백의 자리부터 1의 보수와 2의 보수를 각각 써 넣는다. 단, 마지막 일의 자리만은 4의 보수에 1을 더한 수를 적는다. 일의 자리에서는 보수에 1을 더하는 것을 잊지 말자.

순서에 상관없이
빼기 쉬운 쪽에서 빼라

보수를 이용하면 복잡한 뺄셈도 내림 계산 없이 쉽게 풀 수 있다.

$$
\begin{array}{r}
6312 \\
-\ 2967 \\
\hline
\end{array}
$$

학교에서는 일의 자리부터 계산하지만, 이 계산 방법에서는 내림 계산을 사용하지 않으므로 천의 자리부터 시작해도 된다. 먼저 6에서 2를 빼면 4.

$$
\begin{array}{r}
6312 \\
-\ 2967 \\
\hline
4 \\
\end{array}
$$

```
    6 3 1 2
       ↑
 -  2 9 6 7
 _____
    4 ⑥
```

다음은 백의 자리. 3에서 9를 뺄 수 없으므로 9에서 3을 뺀다. 말도 안 된다고 생각하겠지만, 괜찮다. 단, 거꾸로 계산했기 때문에 답 6에 동그라미를 쳐둔다.

```
    6 3 1 2
        ↑
 -  2 9 6 7
 _____
    4 ⑥ ⑤
```

십의 자리도 1에서 6을 뺄 수 없으므로 6에서 1을 뺀 답을 적고 동그라미를 친다.

```
    6 3 1 2
          ↑
 -  2 9 6 7
 _____
    4 ⑥ ⑤ ⑤
```

일의 자리도 마찬가지다. 7에서 2를 빼고 동그라미를 친다.

물론 아직은 답이 아니다. 여기에 다음 과정을 거쳐야 한다.

① 왼쪽부터, 동그라미를 친 숫자의 바로 앞의 수(여기에서는 천의 자리의 수 4)에서 1을 뺀다.

② 동그라미를 친 수들의 보수를 구한다.

③ 동그라미를 친 마지막 숫자(여기에서는 일의 자리의 5)는 그 수의 보수에 1을 더해 준다.

$$
\begin{array}{r}
6\ 3\ 1\ 2 \\
-\ 2\ 9\ 6\ 7 \\
\hline
\end{array}
$$

4 ⑥ ⑤ ⑤
↓ ↓ ↓ ↓
-1　보수　보수　보수 +1
3　3　4　5

'-1, 보수, 보수, 보수+1'만 기억하면 간단하다. 내림이 없어서 계산이 쉽고, 실수도 적어진다.

Point ■■■■

순서에 상관없이 빼기 쉬운 쪽에서 빼는 계산 방법은 내림을 할 필요가 전혀 없다. '-1, 보수, 보수, 보수+1'만 기억하면 된다.

연습문제

▶ 정답 : 56쪽

다음 수의 합과 평균을 구해 보자.

1889   1921   1891   1911

합 : _____   평균 : _____

내림 계산을 하지 말고 보수를 이용하여 다음 문제를 풀어 보자.

$$
\begin{array}{r}
100 \\
-\ 34 \\
\hline
\end{array}
\qquad\qquad
\begin{array}{r}
1000 \\
-\ 398 \\
\hline
\end{array}
$$

$$
\begin{array}{r}
7242 \\
-\ 3487 \\
\hline
\end{array}
\qquad\qquad
\begin{array}{r}
9472 \\
-\ 3832 \\
\hline
\end{array}
$$

$$
\begin{array}{r}
75329 \\
-\ 32589 \\
\hline
\end{array}
\qquad\qquad
\begin{array}{r}
41093 \\
-\ 19424 \\
\hline
\end{array}
$$

덧셈과 뺄셈이 섞여 있는 계산

일상생활에서는 덧셈 또는 뺄셈만 있는 계산보다는 덧셈과 뺄셈이 섞여 있는 계산을 할 때가 많다. 다음 문제를 보자.

$$
\begin{array}{r}
462 \\
- 198 \\
+ 785 \\
- 478 \\
\hline
\end{array}
$$

순서대로 계산하면 올림이나 내림이 빈번하게 나와서 복잡해진다. 이때는 덧셈과 뺄셈을 나누어서 계산하면 쉽게 풀 수 있다.

$$
\begin{array}{r}
462 \\
+ 785 \\
\hline
1247
\end{array}
\qquad
\begin{array}{r}
198 \\
+ 478 \\
\hline
676
\end{array}
$$

덧셈은 덧셈끼리, 뺄셈은 뺄셈끼리 모아 놓았다. 여기까지는 뺄셈을 전혀 하지 않았다. 뺄셈은 마지막으로 한 번만 한다.

$$1247$$
$$-\ \ 676$$

이때는 앞에서 배운 뺄셈 방법을 이용하면 간편하다. 답은 571이다.

$$1247$$
$$-\ \ 676$$
$$\overline{}$$
$$1431$$

-1 보수 보수+1 그대로

$$0571$$

연습문제

▶ 정답 : 56쪽

덧셈은 덧셈끼리, 뺄셈은 뺄셈끼리 모아서 계산해 보자.

$$
\begin{array}{r}
843 \\
- \ 342 \\
+ \ 310 \\
- \ 193 \\
\hline
\end{array}
\qquad\qquad
\begin{array}{r}
328 \\
+ \ 934 \\
- \ 342 \\
- \ 122 \\
\hline
\end{array}
$$

$$
\begin{array}{r}
9423 \\
- \ 1934 \\
- \ 2845 \\
+ \ 5643 \\
\hline
\end{array}
\qquad\qquad
\begin{array}{r}
7342 \\
- \ 1239 \\
+ \ 7510 \\
- \ 2359 \\
\hline
\end{array}
$$

42쪽

84+31+28+32=175

44+92+56+54=246

18+34+98+47=197

424+531+908+432=2295

209+421+543+643=1816

981+342+324+911=2558

44쪽

73+83+27+17=200

89+34+34+66=223

91+13+87+13=204

97+39+45+61=242

341+834+659+212=2046

452+921+548+313=2234

981+123+842+877=2823

111+222+889+778=2000

52쪽

합 : 7612

평균 : 1903

100-34=66

1000-398=602

7242-3487=3755

9472-3832=5640

75329-32589=42740

41093-19424=21669

55쪽

843-342+310-193=618

328+934-342-122=798

9423-1934-2845+5643=10287

7342-1239+7510-2359=11254

3장

곱셈

5 DAY

한 자리씩 나누어서 곱하라

인도수학의 진가를 경험할 수 있는 것이 바로 곱셈과 나눗셈이다. 이제부터 조금 어려워질지도 모른다. 하지만 갑자기 어려운 계산으로 들어가지는 않을 테니 걱정할 필요는 없다.

먼저 누구나 쉽게 할 수 있는 두 자릿수 곱셈부터 시작해 보자.

$$
\begin{array}{r}
38 \\
\times\ 56 \\
\hline
228 \\
190\quad \\
\hline
2128
\end{array}
$$

계산이 어렵지는 않지만, 도중에 올림이 많이 나와서 번거롭다. 처음 6×8의 답은 48이므로 일의 자리에 8을 써 넣고 4를 올려 주어야 한다. 이때 옆에 4를 적어 두거나 손가락을 세워서 기억하는 사람도 많다.

이런 번거로움을 없애기 위해서 한 자리씩 나누어서 계산해 보자. 어렵지는 않다. 곱셈의 답을 하나하나 적을 뿐이다.

$$
\begin{array}{r}
38 \\
\times\ 56 \\
\hline
48 \\
18 \\
40 \\
15 \\
\hline
2128
\end{array}
$$

곱셈 결과를 네 번으로 나누어서 적었을 뿐이다. 올려 주는 숫자는 덧셈 과정에서 1 또는 2 정도만 나온다. 곱셈을 네 번 하면 그다음은 덧셈만 하면 되므로 계산이 훨씬 쉬워질 것이다.

Point ■■■■

학교에서 배운 방법만 고집하지 말고, 곱셈의 답을 한 자리씩 나누어서 적으면 올림 계산이 적어져서 정확하고 쉽게 계산할 수 있다. 자릿수만 주의하면 된다.

5 DAY

곱셈 2

두 자릿수 크로스 계산법

곱셈을 한 자리씩 나누어서 하면 계산은 쉬워지지만 중간 과정이 길어진다는 단점이 있다. '크로스 계산법'을 사용하면 보다 간단하게 계산할 수 있다.

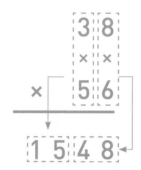

먼저 8×6, 3×5를 계산하여 아래에 써 넣는다. 일의 자리끼리 곱한 값과 십의 자리끼리 곱한 값 사이에는 올림이 절대로 생기지 않으므로 그대로 적어도 아무 문제가 없다.

하지만 앞서 설명한 한 자리씩 나누어서 계산하는 방법과 풀이 과정을 비교해 보면 '일의 자리 × 십의 자리'는 아직 계산하지 않았음을 알 수 있다.

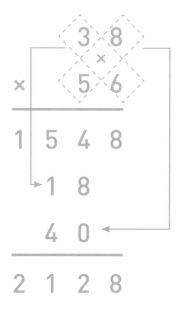

X자 모양으로 일의 자리와 십의 자리의 수를 곱한 후 덧셈을 하면 답이 나온다.

크로스 계산법은 한 자리씩 나누어서 곱하는 방법을 변형한 것에 불과하다. 두자릿수 곱셈은 앞으로도 자주 등장하므로, 계산 방법을 잘 익혀 두자.

Point ■■■■

인도의 곱셈 방법은 자릿수도 이해하기 쉽다. '세로, 세로, 대각선, 대각선'으로 계산하는 방식에 익숙해지면, 암산으로도 두 자릿수 곱셈이 가능해진다.

연습문제

▶ 정답 : 90쪽

크로스 계산법으로 다음 곱셈을 풀어 보자.

$$
\begin{array}{r} 73 \\ \times\ 12 \\ \hline \end{array}
\qquad\qquad
\begin{array}{r} 81 \\ \times\ 76 \\ \hline \end{array}
$$

$$
\begin{array}{r} 45 \\ \times\ 45 \\ \hline \end{array}
\qquad\qquad
\begin{array}{r} 63 \\ \times\ 84 \\ \hline \end{array}
$$

$$
\begin{array}{r} 12 \\ \times\ 98 \\ \hline \end{array}
$$

같은 숫자가
반복되는 곱셈 1

학교에서 배우는 계산 방법은 어떤 문제라도 풀 수 있는 방법이지만, 경우에 따라서는 불필요한 계산을 할 때도 있다.

$$\begin{array}{r} 84 \\ \times\ 44 \\ \hline \end{array}$$

곱하는 수는 44. 똑같은 숫자 4가 두 번 반복된다.
먼저 일반적인 방법으로 84 × 4를 계산한다.

$$\begin{array}{r} 84 \\ \times\ 44 \\ \hline 336 \end{array}$$

문제는 그다음이다. 어차피 84×4라는 같은 계산을 하는 것이기 때문에 다시 계산할 필요가 전혀 없다. 앞에서 구한 값을 자릿수만 바꾸어서 써 넣으면 된다.

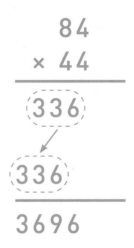

학교에서 배운 방법과 같아 보이지만, 사실은 수고를 반만 했다. 이처럼 불필요한 계산은 하지 않는 것이 인도수학의 가장 중요한 원칙이다.

Point ■■■■

곱하는 수에 같은 숫자가 들어 있을 때는 같은 계산을 두 번 반복할 필요가 없다. 한 번 계산한 결과를 자릿수만 옮겨서 적어 넣는다. 33×76 같은 곱셈에서는 당연히 76×33으로 바꾸어서 계산한다. 곱셈은 곱하는 수와 곱해지는 수를 바꾸어도 같은 답이 나오기 때문이다.

곱셈 4

같은 숫자가
반복되는 곱셈 2

5
DAY

'굳이 가르쳐 주지 않아도, 똑같은 숫자가 반복되는 수를 곱할 때는 같은 계산을 두 번 하지 않는다'는 사람도 있을 것이다. 그렇다면 이런 계산은 어떨까?

$$
\begin{array}{r}
36 \\
\times\ 48 \\
\hline
\end{array}
$$

일반적으로 36×8과 36×4를 계산하지만, 48은 실은 '44+4', 즉 같은 숫자가 반복되는 수이다.

$$
\begin{array}{r}
36 \\
\times\ 48 \\
\hline
144 \quad \cdots 36 \times 4 \\
144 \quad \cdots 36 \times 4 \\
144 \quad \cdots 36 \times 40 \\
\hline
1728
\end{array}
$$

65

36×4를 한 번 계산하면 더 이상 계산할 필요가 없다. 다음부터는 144를 적어 넣고 더하기만 하면 된다. 같은 숫자가 반복되는 수인지 알아차리는 것이 의외로 쉽지 않기 때문에 이를 찾아내는 것이 수학 실력이라고 할 수 있다.

한 문제 더 살펴보자. 같은 숫자가 반복되는지 찾을 수 있겠는가?

27은 '30-3'이므로 3이 반복된다. 이제 76×30을 계산한 후 76×3을 빼기만 하면 된다.

$$
\begin{array}{r}
76 \\
\times\ 27 \\
\hline
228 \quad \cdots 76 \times 30 \\
-\ 228 \quad \cdots 76 \times 3 \\
\hline
2052
\end{array}
$$

Point ■■■■

똑같은 숫자가 반복되는 경우를 몇 가지 더 알아보자. 12=11+1, 24=22+2, 36=33+3이다. 72=66+6, 84=77+7까지 찾아냈다면 숫자의 달인이라고 자부해도 좋다. 반면 뺄셈의 경우는 찾기가 조금 어렵다. 18=20-2, 27=30-3, 36=40-4, 45=50-5, 54=60-6, 63=70-7, 72=80-8, 81=90-9이다. 모두 구구단 중 9단의 답이라는 것을 알아차렸는가?

# 연습문제

▶ 정답 : 90쪽

같은 숫자가 반복되는지 주의하면서 다음 문제를 풀어 보자.

```
      63              77
  ×  33          ×  63
  _____          _____
```

```
      15              73
  ×  36          ×  84
  _____          _____
```

```
      35              72
  ×  63          ×  75
  _____          _____
```

곱셈 5

100에 가까운 수의
크로스 계산법 1

곱하는 수나 곱해지는 수에 특징이 있을 경우 훨씬 간단하게 암산을 할 수 있다.
먼저 100에 가까운 수의 곱셈에 대해 알아보자.

$$
\begin{array}{r}
96 \\
\times\ 92 \\
\hline
\end{array}
$$

96과 92는 모두 100에 가까운 수이다. 만약 100×100이었다면 계산이 매우 간단했
을 것이다. 그러므로 100을 기준으로 하여 문제를 다음과 같이 바꾼다.

$$
\begin{array}{r}
96\ -4 \\
\times\ \ 92\ -8 \\
\hline
\end{array}
$$

96과 92가 100에서 얼마만큼 부족한지 덧붙였을 뿐이다. 이제 대각선으로 크로스
계산을 해 보자.

$$\begin{array}{r}
\boxed{96} \quad \boxed{-4} \quad = 88 \\
\times \ \boxed{92} \quad \boxed{-8} \quad = 88 \\
\hline
\end{array}$$

$$96 + (-8) = 88$$

$$92 + (-4) = 88$$

둘 다 88이라는 답이 나온다. 우연이 아니다. 어떤 수라도 100을 기준으로 하여 이 같은 식을 만들고 대각선으로 더하면 2개의 답이 똑같아진다.

뿐만 아니라, 88이 답의 앞 두 자리가 된다.

$$\begin{array}{r}
96 \quad -4 \\
\times \ 92 \quad -8 \\
\hline
88
\end{array}$$

나머지 답은 오른쪽에 적어 놓은 4와 8을 곱하기만 하면 된다.

$$\begin{array}{r}
96 \quad -\boxed{4} \\
\times \\
\times \ 92 \quad -\boxed{8} \\
\hline
88\,\boxed{32}
\end{array}$$

거짓말처럼 간단한 방법이다. 종이에 적어서 계산할 필요도 없고 익숙해지면 암산도 가능하다. 인도 사람들이 암산으로 푸는 두 자릿수 곱셈은 이런 형태의 것이 많다. 1000에 가까운 수의 곱셈도 같은 방법을 사용한다.

6 DAY

100에 가까운 수의 크로스 계산법 2

100에 가까운 수의 곱셈에서는 103×98처럼 한쪽이 100이 넘어도 상관없고 양쪽 모두 100이 넘어도 된다.

$$103 + 3$$
$$\times \quad 98 - 2$$

$$103 + (-2) = 101$$
$$98 + (+3) = 101$$

크로스 계산의 답은 둘 다 101. 이것이 앞자리의 답이 된다.

$$103 \quad +3$$
$$\times 98 \quad -2$$
$$\overline{\qquad\qquad}$$
$$101$$

단, 여기서 조금 주의할 필요가 있다.

나머지 답 두 자리가 $(+3) \times (-2) = -6$으로, 음수가 되기 때문이다.

$$
\begin{array}{r}
103 \quad +3 \\
\times \quad 98 \quad -2 \\
\hline
10100 \\
-6
\end{array}
$$

이때는 마지막에 덧셈이 아니라 뺄셈을 해야 한다.

$$
\begin{array}{r}
10100 \\
- \qquad 6 \\
\hline
10094
\end{array}
$$

답은 10094가 된다.

Point ■■■■

한쪽이 100 이상일 때는 마지막 계산에서 반드시 음수가 되므로 뺄셈을 해야 한다. 양쪽 모두 100 이상일 때는 덧셈이 되므로 어려울 것이 없다. 1000에 가까운 수도 같은 방법을 응용할 수 있다.

100이 기준일 때는 크로스 계산을 한 후 0을 2개 붙이고, 1000이 기준일 때는 0을 3개 붙이면 된다. 자릿수를 이해하면 10000을 기준으로 한 곱셈도 간단하게 할 수 있다.

곱셈 7

50에 가까운 수의 곱셈

지금까지 100에 가까운 수의 곱셈에 대해 살펴보았는데 이 계산 방법은 반드시 100에 가까운 수에서만 이용할 수 있는 것은 아니다. 기준으로 한 수가 얼마가 되든 상관없다. 하지만 예를 들어 기준이 74일 경우에는 계산이 매우 번거로워지기 때문에 기준은 정확하게 떨어지는 수로 정하는 것이 좋다.

48 × 49에서는 기준을 50으로 하면 된다.

$$
\begin{array}{r}
48 - 2 \\
\times\ 49 - 1 \\
\hline
\end{array}
$$

크로스 계산을 하면,

$$48 + (-1) = 47$$

$$49 + (-2) = 47$$

하지만 이 문제에서는 앞의 답 두 자리를 47이라고 하면 안 된다. 이번에는 기준이 50이기 때문이다.

만약 이 문제의 기준이 100이었다면 크로스 계산 결과가 그대로 답의 앞 두 자리가 된다. 100이 47개 있다는 것을 뜻하기 때문이다. 그런데 지금은 기준이 50이므로, 50이 47개 있다고 생각해야 한다.

$50 \times 47 = 2350$이므로,

$$
\begin{array}{r}
48 \quad -2 \\
\times\,49 \quad -1 \\
\hline
2350
\end{array}
$$

오른쪽의 숫자들을 곱하면 $(-2) \times (-1) = 2$이므로,

$$
\begin{array}{r}
48 \quad -2 \\
\times\,49 \quad -1 \\
\hline
2350 \\
2 \\
\hline
2352
\end{array}
$$

답은 2352이다.

계산 방법은 똑같다. 크로스 계산에서 기준으로 한 수에 주의하기만 하면 된다.

200에 가까운 수의 곱셈

기준이 200일 때를 연습해 보자.

$$
\begin{array}{r}
203 + 3 \\
\times\ 209 + 9 \\
\hline
\end{array}
$$

$$203 + (+9) = 212$$

$$209 + (+3) = 212$$

기준인 200이 212개 있다는 뜻이므로,
200 × 212 = 42400.

뒷부분 답은 (+3) × (+9) = 27이므로
답은 42400 + 27 = 42427이다.

$$
\begin{array}{r}
203 \quad +3 \\
\times\ 209 \quad +9 \\
\hline
42400 \\
27 \\
\hline
42427 \\
\end{array}
$$

같은 수만큼
큰 수와 작은 수를 곱할 때

이제 아래와 같은 문제가 나오면 크로스 계산을 하는 습관이 생겼을 것이다.

$$103 \times 97 =$$

100을 기준으로 하고, 크로스 계산식을 만든다.

$$
\begin{array}{r r}
103 & +3 \\
\times \quad 97 & -3 \\
\hline
\end{array}
$$

일반적인 크로스 계산이지만 실제로 해보면 재미있는 사실을 발견할 수 있다.

$$103 + (-3) = 100$$

$$97 + (+3) = 100$$

양쪽 모두 계산 결과가 기준 숫자인 100이 되었다. 103과 97은 100을 기준으로 각각 '3 큰 수'와 '3 작은 수'이기 때문이다.

이처럼 정확하게 떨어지는 수를 기준으로 같은 수만큼 큰 수와 작은 수를 곱할 때는 크로스 계산을 할 필요가 없다. 기준의 제곱에서 차의 제곱을 빼면 바로 답이 나온다.

기준의 제곱은 $100 \times 100 = 10000$, 차의 제곱은 $3 \times 3 = 9$.

10000에서 9를 뺀 9991이 답이다.

48×52는 어떨까?

$$48 \times 52 =$$

기준은 50이고, 48과 52는 각각 50보다 '2 작은 수'와 '2 큰 수'이다. 그러므로 크로스 계산은 할 필요도 없이 50이다. 50이 50개, 여기에서 2×2를 빼면 된다.

$$50 \times 50 - 2 \times 2 = 2500 - 4$$
$$= 2496$$

익숙해지면 암산으로도 구할 수 있다.

연습문제

▶ 정답 : 90쪽

기준이 되는 수에 주의하면서 크로스 계산으로 다음 문제를 풀어 보자.

$$
\begin{array}{r}
48 \quad -2 \\
\times \ 52 \quad +2 \\
\hline
\end{array}
\qquad
\begin{array}{r}
52 \quad +2 \\
\times \ 53 \quad +3 \\
\hline
\end{array}
$$

$$
\begin{array}{r}
69 \quad -1 \\
\times \ 72 \quad +2 \\
\hline
\end{array}
\qquad
\begin{array}{r}
91 \quad +1 \\
\times \ 92 \quad +2 \\
\hline
\end{array}
$$

$$
\begin{array}{r}
198 \quad -2 \\
\times \ 203 \quad +3 \\
\hline
\end{array}
\qquad
\begin{array}{r}
498 \quad -2 \\
\times \ 499 \quad -1 \\
\hline
\end{array}
$$

$$
\begin{array}{r}
501 \quad +1 \\
\times \ 497 \quad -3 \\
\hline
\end{array}
$$

곱셈 10

10에 가까운 수의 곱셈

인도수학 책 중에는 13×14 같은 계산은 '곱해지는 수에 곱하는 수의 일의 자리를 더해서 10배 하고, 여기에 일의 자리 수끼리 곱한 값을 더한다'라고 설명하는 책도 있다.

곱해지는 수 13과 곱하는 수의 일의 자리인 4를 더하면 17, 이를 10배 하면 17×10=170이 된다. 여기에 일의 자리가 각각 3과 4이므로 3×4=12, 170에 12를 더하면 답은 182이다. 순서만 알면 간단하게 계산할 수 있지만 순서 외우기가 쉽지 않다.

이 방법은 사실 10을 기준으로 한 크로스 계산이다. 이를 공식으로 표현했을 뿐이다. 크로스 계산은 시각적으로 기억하는 편이 훨씬 쉽다. 굳이 계산 순서를 외우지 않아도 암산도 가능하다.

$$
\begin{array}{r}
13 + 3 \\
\times\ 14 + 4 \\
\hline
\end{array}
$$

크로스 계산은,

$$13 + (+4) = 17$$
$$14 + (+3) = 17$$

기준인 10이 17개라는 뜻이므로 $10 \times 17 = 170$.

$$
\begin{array}{r}
13 \quad +3 \\
\times \quad 14 \quad +4 \\
\hline
170
\end{array}
$$

여기에 $(+3) \times (+4) = 12$를 더하면,

$$
\begin{array}{r}
13 \quad +3 \\
\times \quad 14 \quad +4 \\
\hline
170 \\
12 \\
\hline
182
\end{array}
$$

답은 182가 된다.

7 DAY

11을 곱하는 계산법

40×70을 종이에 적어 계산하는 사람은 없을 것이다. 곱해지는 수와 곱하는 수의 일의 자리가 0일 때에는 매우 쉽게 계산할 수 있다. 이처럼 계산을 간단하게 할 수 있는 형태를 살펴보자. 11을 곱하는 계산법이다.

$$13 \times 11 =$$

11을 곱할 때는 따로 곱셈을 할 필요가 없다.

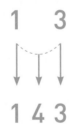

이웃한 수를 순서대로 더하면 저절로 답이 나온다.

$$13874243431 \times 11 =$$

곱해지는 수가 커져도 방법은 같다. 암산으로 답을 구할 수 있다.

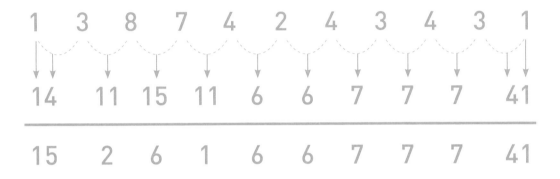

같은 방법으로 계산하되, 더해서 10이 넘는 경우는 올림 처리를 하면 된다.

이 계산 방법은 축구팀 감독이라면 꼭 기억해야 할 방법이다. 축구팀 감독이 선수 11명에게 5250원짜리 점심을 사 주었다고 하자. 모두 얼마를 내야 할까?

축구팀 1명에게 카레를···.

곱셈 12

25를 곱하는 계산법

25를 곱할 때는 암산으로 답을 구할 수 있다. 25는 100을 4로 나눈 것이라는 점을 이용하면 쉽게 풀린다.

$$48 \times 25 =$$

만약 25가 아니라 100을 곱하는 문제라면 계산은 간단하다. 48에 0을 2개 붙이면 되기 때문이다. 하지만 25를 100으로 바꿀 수는 없으므로 이렇게 생각해 보자.

$$48 \times 25 = (48 \div 4) \times (25 \times 4)$$

25를 4배 해서 100으로 바꾸는 대신, 48을 4로 나누었다. 4로 나누고 다시 4를 곱했기 때문에 정답에는 영향을 주지 않는다.

$$(48 \div 4) \times (25 \times 4) = 12 \times 100$$
$$= 1200$$

이 문제는 48이 4로 나누어떨어지는 수였기 때문에 쉽게 풀렸다. 만약 4로 나누어 떨어지지 않는 경우에는 어떻게 해야 할까?

$$39 \times 25 = (39 \div 4) \times (25 \times 4)$$
$$= 9.75 \times 100$$
$$= 975$$

풀이 과정에 소수점이 나올 뿐 방법은 똑같다. 어떤 수이든 4로 나누었을 때 소수점 이하는 $0.00, 0.25, 0.5, 0.75$의 네 가지 중 하나라는 것을 기억해 두면 편리하다.

Point ■■■■

곱하는 수가 25일 때는 곱해지는 수를 4로 나누고 100을 곱한다. 같은 원리로 곱하는 수가 125일 때는 8로 나누고 1000을 곱하면 된다.

곱셈 13

짝수 × 일의 자리가 5인 수

25를 곱할 때는 100으로 만들어서 계산했다. 10이나 100을 만들면 0을 추가하거나 소수점 자리를 옮기기만 하면 되므로 매우 편리하다.

마찬가지로 특정한 조건을 갖추었을 때는 10을 만들어서 계산을 쉽게 할 수 있다.

$$42 \times 35 =$$

한쪽이 짝수, 즉 2의 배수이고, 다른 한쪽은 일의 자리 수가 5이다. 2의 배수와 5를 곱하면 10이 되므로 쉽게 계산할 수 있다.

$$42 \times 35 = (21 \times 2) \times 35$$
$$= 21 \times (2 \times 35)$$
$$= 21 \times 70$$
$$= 1470$$

$$47$$
$$\times\ 43$$

십의 자리는 둘 다 4이고, 일의 자리는 7과 3으로 더하면 10이 된다. 물론 47과 43이 모두 50에 가까운 수이므로 50을 기준으로 크로스 계산을 해도 상관없지만, 좀 더 쉬운 방법이 있다.

먼저 십의 자리의 수 4와, 4에 1을 더한 수 5를 곱한다. $4 \times (4+1) = 20$이 앞의 두 자리의 답이다. 나머지 답은 7과 3을 곱해서 21이 된다.

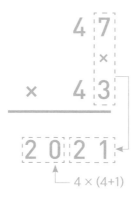

$4 \times (4+1)$

7 DAY

일의 자리가 같고, 십의 자리의 합이 10인 곱셈

$$
\begin{array}{r}
47 \\
\times\ 67 \\
\hline
\end{array}
$$

십의 자리 수 4와 6을 더하면 10이 되고, 일의 자리는 둘 다 7이다. 앞에서 설명한 유형과 반대인데, 이 경우는 앞의 두 자리를 구하는 방법이 조금 다르다.

먼저 4와 6을 곱하면 24, 여기에 일의 자리의 수 7을 더한다. 답은 31. 이것이 앞의 두 자리의 답이 된다. 나머지 두 자리는 7과 7을 곱한다.

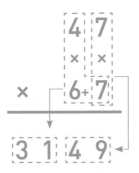

십의 자리를 곱한 값에 일의 자리 수 7을 더하는 것이 중요하다.

자릿수가 많은 수는
두 자리씩 나누어서 계산하라

두 자리수 곱셈에 익숙해지면 자릿수가 많아져도 그리 어렵지 않다. 두 자리씩 나누어서 계산한 다음 합산하면 된다.

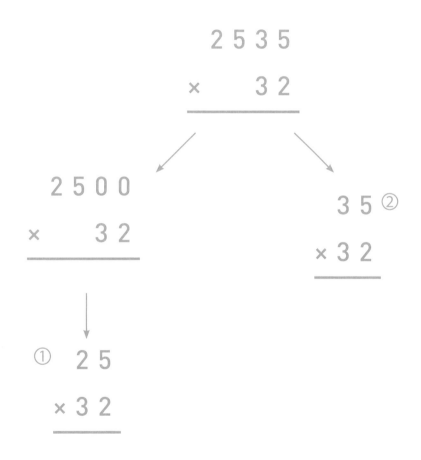

두 자리씩 나눈 후 지금까지 익힌 방법을 이용해서 계산해 보자. 25×32는 계산 결과에 100을 곱해 주면 된다.

①은 25를 곱하는 형태이므로, 32를 4로 나누고 100을 곱해 준다. 답은 800. 암산으로도 쉽게 구할 수 있다.

②는 짝수와 일의 자리가 5인 곱셈이므로

$$35 \times 32 = 35 \times (2 \times 16)$$
$$= (35 \times 2) \times 16$$
$$= 70 \times 16$$
$$= 1120$$

①에 100을 곱한 후 ②를 더하면 답이 나온다.

$$
\begin{array}{r}
8\,0\,0\,0\,0 \\
+\quad 1\,1\,2\,0 \\
\hline
8\,1\,1\,2\,0
\end{array}
$$

복잡해 보이지만, 실제로 ①과 ②는 암산으로 거의 가능하다. 80000 + 1120 정도만 메모하면 된다.

Point ■■■■

인도식 곱셈의 기본은 두 자릿수 곱셈이다. '6자리 × 2자리', '16자리 × 2자리'도 순서만 조금 복잡해질 뿐 방법은 같다.

연습문제

숫자의 형태에 주의하면서 다음 곱셈을 계산해 보자.

```
   342                    7632
×   11                 ×    11
───────                ─────────
```

```
   324                    9827
×   25                 ×    25
───────                ─────────
```

```
    82                      12
×   35                 ×    95
───────                ─────────
```

```
    83                      37
×   87                 ×    33
───────                ─────────
```

$$\begin{array}{r} 83 \\ \times\ 23 \\ \hline \end{array}$$

$$\begin{array}{r} 36 \\ \times\ 76 \\ \hline \end{array}$$

$$\begin{array}{r} 8327 \\ \times\ \ \ \ 87 \\ \hline \end{array}$$

$$\begin{array}{r} 563554 \\ \times\ \ \ \ \ \ \ 54 \\ \hline \end{array}$$

정답

62쪽

73×12=876

81×76=6156

45×45=2025

63×84=5292

12×98=1176

67쪽

63×33=2079

77×63=4851

15×36=540

73×84=6132

35×63=2205

72×75=5400

77쪽

48×52=2496

52×53=2756

69×72=4968

91×92=8372

198×203=40194

498×499=248502

501×497=248997

89~90쪽

342×11=3762

7632×11=83952

324×25=8100

9827×25=245675

82×35=2870

12×95=1140

83×87=7221

37×33=1221

83×23=1909

36×76=2736

8327×87=724449

563554×54=30431916

4장

나눗셈

나눗셈 1

반으로 약분해서 계산하라

나눗셈은 곱셈을 하면서 뺄셈을 해야 하기 때문에 복잡하고 어렵다. 그런데 인도수학에서는 나눗셈을 간단하게 바꾸어서 쉽게 푸는 방법이 많이 있다. 먼저 기본적인 방법부터 알아보자.

$$824 \div 8 =$$

한 자릿수의 나눗셈이므로 그대로 계산해도 그다지 어렵지 않다. 그런데 이런 경우에도 조금이라도 편하게 계산할 수 있는 방법을 찾는 것이 인도수학이다.

문제를 반으로 약분해 보자.

$$412 \div 4 =$$

나누어지는 수와 나누는 수 양쪽을 반으로 줄이면 계산이 훨씬 쉬워진다. 더 간단하게 만들 수도 있다.

$$206 \div 2 =$$

다시 한번 반으로 줄여 보자.

$$103 \div 1 =$$

계산도 하기 전에 답이 나왔다.

약분으로 나눗셈을 간단하게 만들면, 나누어떨어지지 않을 때에는 나머지가 다르게 나오기 때문에 문제가 생긴다. 그런데 나눗셈에서 나머지를 구하는 것은 초등학교 수학 시간 정도이고, 보통은 소수점 아래까지 답을 구하는 경우가 많다. 이때는 약분을 해도 전혀 문제가 없다. 나누는 수가 두 자리나 세 자리일 때는 계산이 훨씬 쉬워진다.

Point ■■■■

약분으로 문제 자체를 간단하게 만드는 것은 나눗셈의 가장 기본적인 방법이다. 나누어지는 수, 나누는 수 양쪽이 짝수일 때는 양쪽을 2로 나누고, 양쪽이 5로 끝날 때는 5로 나눈다. 또한 각 자리의 수를 더한 값이 3의 배수일 때는 3으로 나눌 수 있다. 예를 들어 273은 2+7+3=12, 12는 3의 배수이므로 3으로 나눌 수 있다.

5로 나누는 계산법

약분을 해서 나눗셈을 간단하게 하는 방법이 있다면, 통분(분모를 같게 만드는 것)을 이용해서 간단하게 만드는 방법도 있다.

다음 문제를 보자.

$$3478 \div 5 =$$

나누는 수가 5일 때는 나누어지는 수, 나누는 수에 각각 2를 곱한다.

$$6956 \div 10 =$$

5에 2를 곱해서 나누는 수를 10으로 만들었다. 10으로 나누는 계산은 매우 간단하다. 자릿수를 하나 옮기기만 하면 된다. 답은 695.6이다.

나눗셈 문제인데도 2를 곱하는 곱셈만으로 답이 나왔다.

25로 나누는 계산법

같은 원리로 다음 문제도 통분해서 간단하게 만들 수 있다.

$$764 \div 25 =$$

25×4＝100이므로, 나누어지는 수와 나누는 수 양쪽에 4를 곱해 준다.

$$3056 \div 100 =$$

100으로 나누려면 자릿수만 두 자리 옮기면 되므로, 답 30.56을 간단하게 구할 수 있다. 4를 곱하기가 번거롭다면 한 번에 4를 전부 곱하지 말고, 2를 곱한 다음 다시 2를 곱하는 방식으로 풀어 나간다. 764×2＝1528, 1528×2＝3056. 2를 두 번 곱하면 4를 곱한 것과 같은 결과가 나온다.

Point ■■■■

125로 나누는 계산은 8을 곱해 1000으로 만들어 준다. 8을 곱하기가 번거롭다면 2를 세 번으로 나누어 곱한다.(8＝2^3이므로, 2를 네 번이 아니라 세 번 곱한다는 점에 주의하라.) 예를 들어 8734÷125의 경우 8734×2＝17468, 17468×2＝34936, 34936×2＝69872이므로, 자릿수를 옮겨 주면 답 69.872가 나온다.

나눗셈 4

100에 가까운 수로
나누는 계산 1

다음 문제를 보자.

$$3742 \div 98 =$$

이 책을 처음부터 차근차근 읽은 사람이라면 이미 예상했겠지만, 98이 100에 가까운 수이므로 답은 37 전후가 될 것이다. 덧셈이나 곱셈에서는 98을 100으로 가정하여 계산한 다음 마지막에 많거나 모자라는 부분을 조절했다.

나눗셈에서도 같은 방법을 사용할 수 있다. 단, 나눗셈의 경우는 마지막뿐만이 아니라 수시로 조절해 주면서 계산해야 한다.

$$
\begin{array}{r}
3 \\
98{\overline{\smash{\big)}\,3742}} \\
\underline{300} \\
742
\end{array}
$$

98을 100이라고 가정하면 몫은 3, 나머지는 742이다. 이제 742를 가지고 나눗셈을 할 차례인데 이대로 계산하면 98이 아니라 100으로 나눈 셈이 된다. 나누어지는 수에서 300을 이미 빼 주었기 때문이다.

즉, 98 대신 100을 3개 빼 버렸기 때문에 98과 100의 차 2를 세 번 더 뺀 셈이므로, $2 \times 3 = 6$만큼 보충해 주어야 한다.(더하는 자릿수에 주의하자.)

$$
\begin{array}{r}
3 \\
98\,\overline{)\,3742} \\
300 \\
\hline
742 \\
+\;\;\;6 \\
\hline
802
\end{array}
$$

… 2×3 (보충해야 할 부분)

이렇게 많거나 부족한 양을 보충해 주는 방법을 '수지계산(收支計算)'이라고 한다.
다시 802를 가지고 나눗셈을 계속한다.

300루피짜리 향료를
250루피로 팔았으니 수지계산을 해야겠네….

마찬가지로 98을 100으로 가정하면 802÷100의 몫은 8.

이번에는 100과 98의 차 2를 여덟 번 더 뺐으므로, 2×8=16을 돌려준다.

$$
\begin{array}{r}
38 \\
98\,\overline{)\,3742} \\
300 \\
\hline
742 \\
+\quad 6 \\
\hline
802 \\
800 \\
\hline
2
\end{array}
$$

몫은 38, 나머지는 18이다. 계속 계산해서 소수점 이하까지 구할 수도 있다.

복잡해 보이지만, 뺄셈을 한 다음 많거나 부족한 만큼 보충하는 수지계산을 했을 뿐이다.

$$
\begin{array}{r}
38 \\
98\,\overline{)\,3742} \\
300 \\
\hline
742 \\
+\quad 6 \\
\hline
802 \\
800 \\
\hline
2
\end{array}
$$

2 × 8 (보충해야 할 부분)··· $+\boxed{16}$

18

100에 가까운 수로
나누는 계산 2

100에 가까운 수로 나누는 계산을 한 번 더 연습해 보자. 이번에는 105로 나누는 경우다.

$$6572 \div 105 =$$

이때도 105를 100이라고 가정한 후 많거나 부족한 부분을 보충해 준다.

$$
\begin{array}{r}
6 \\
105{\overline{\smash{)}6572}} \\
600 \\
\hline
572
\end{array}
$$

여기까지는 쉽게 풀 수 있다. 나누는 수를 100이라고 가정하면 몫은 6, 나머지는 572이다. 실제로는 105 × 6을 빼야 하는데 100 × 6만 뺐기 때문에 5 × 6 = 30이 남아 있다.

$$
\begin{array}{r}
6 \\
105\overline{)6572} \\
600 \\
\hline
572 \\
-30 \\
\hline
272
\end{array}
$$

··· 5 × 6 (더 빼야 하는 부분)

수지계산으로 30을 조절한 다음, 272로 계산을 계속한다.

$$
\begin{array}{r}
62 \\
105\overline{)6572} \\
600 \\
\hline
572 \\
-30 \\
\hline
272 \\
200 \\
\hline
72
\end{array}
$$

여기서도 105와 100의 차 5를 두 번 더 빼 주어야 한다.

$5 \times 2 = 10$이므로,

```
                62
         _____
    105 ) 6 5 7 2
          6 0 0
         _____
            5 7 2
          - 3 0
         _____
            2 7 2
            2 0 0
         _____
              7 2
          - 1 0   … 5 × 2 (더 빼야 하는 부분)
         _____
              6 2
```

62가 남는다. 62로 계산을 계속하여 소수점 이하까지 구할 수도 있다.

8
DAY

100에 가까운 수로
나누는 계산 3

100보다 큰 수를 100이라고 가정하고 나눗셈을 할 때는 수지계산의 결과가 음수가 되어 버리는 경우가 있다. 이때는 몫을 하나 줄여서 조정하면 된다.

$$5182 \div 105 =$$

105를 100이라고 가정하여 계산하면,

```
            5
    105 ) 5182
          500
          ───
           18
         -(25)  … 5 × 5 (더 빼야 하는 부분)
          ───
         [   ]  … 음수가 된다!
```

18에서 25를 빼면 음수가 되어 버리므로, 몫 5를 4로 줄여서 다시 계산한다.

```
                         4
        105 ) 5182
               400
              1182
               -20
               982
```

982를 다시 100으로 나누고 수지계산을 한다.

```
                        49
        105 ) 5182
               400
              1182
               -20
               982
               900
                82
               -45
                37
```

몫이 49, 나머지는 37이다. 조금 번거롭지만 익숙해지면 몫을 구할 때 수지계산에서 음수가 될 것 같다는 것을 알게 된다.

연습문제

나누는 수의 크기에 유의하여 소수점 아래 한 자리까지 구해 보자.(소수점 아래 두 자리
부터는 버림.)

744 ÷ 16 = _____   765 ÷ 15 = _____

4323 ÷ 5 = _____   8342 ÷ 5 = _____

242 ÷ 25 = _____   8324 ÷ 25 = _____

321 ÷ 125 = _____   763 ÷ 125 = _____

8472 ÷ 98 = _____   3245 ÷ 97 = _____

8032 ÷ 105 = _____   2134 ÷ 102 = _____

일의 자리가 9인 수로
나누는 계산법

나누는 수가 나누어지는 수보다 크면 답이 '0.…'의 형태가 된다. 이때 나누는 수의 일의 자리가 9일 경우 인도수학에서 사용하는 간단한 계산 방법이 있다.

$$14 \div 39 =$$

앞에서 배운 것처럼 39를 40으로 가정하고 계산해 보자. 당연히 많거나 부족한 부분은 조절해 주어야 한다.

2장을 19명에게….

$$
\begin{array}{r}
0.35 \\
39\,\overline{)\,14.0} \\
120 \\
\hline
20 \\
+\;\;\;3 \quad \cdots 1\times3 \text{ (보충해야 할 부분)} \\
\hline
230 \\
200 \\
\hline
30 \\
+\;\;\;5 \quad \cdots 1\times5 \text{ (보충해야 할 부분)} \\
\hline
35
\end{array}
$$

39를 40으로 가정하여 나눈 후 부족한 부분을 더해 주었다. 그런데 39와 40의 차가 1이기 때문에 더해야 하는 수는 항상 몫과 똑같다. 즉 일의 자리가 9인 수로 나눌 때는 항상 몫과 같은 수를 보충하면서 계산하게 된다.

이때는 복잡한 풀이 과정을 거치지 않고 훨씬 간단하게 풀 수 있다.

먼저 나누는 수가 나누어지는 수보다 크기 때문에 답이 '0.…'이 된다는 것은 확실하므로,

$$0.$$

이라고 적어 둔다.

그리고 39를 40이라고 치고 14÷4를 계산한다. 몫은 3, 나머지는 2이다. 이것을 다음과 같이 적는다.

$$0 \;.\; 3 \quad \cdots \text{몫}$$

$$2 \quad \cdots \text{나머지}$$

$$14 \div 4 = 3 \;\text{나머지}\; 2$$

답과 나머지를 적었을 뿐이다. 다음은 어떻게 계산해야 할까. 앞의 방식에서는 나머지 2를 20으로 바꾸고 수지계산으로 3을 더한 다음, 23을 4로 나누었다.

즉 23은 나머지 2를 십의 자리로, 몫 3을 일의 자리로 한 것임을 알 수 있다. 그러므로 여기에서도 아래쪽에 적은 나머지를 십의 자리, 몫을 일의 자리의 수로 한 23을 가지고 나눗셈을 계속한다.

23 ÷ 4 = 5, 나머지는 3이므로 몫과 나머지를 아래와 같이 적어 둔다.

$$0 \;.\; 3 \quad 5 \quad \cdots \text{몫}$$

$$2 \quad 3 \quad \cdots \text{나머지}$$

$$23 \div 4 = 5 \;\text{나머지}\; 3$$

다음에는 나머지 3을 십의 자리, 몫 5를 일의 자리로 한 35를 4로 나누면 된다.

35 ÷ 4 = 8, 나머지는 3이므로,

$$0 \;.\; 3 \quad 5 \quad 8 \quad \cdots \text{몫}$$

$$2 \quad 3 \quad 3 \quad \cdots \text{나머지}$$

다음은 38을 4로 나눈다.

이 방법을 사용하면 전자계산기가 없어도 소수점 아래 몇 자리까지도 빠르고 정확하게 구할 수 있다.

9 DAY

일의 자리가 8인 수로 나누는 계산법

나누는 수가 8로 끝날 때에도 같은 방법을 응용할 수 있다.

$$23 \div 48 =$$

일의 자리가 9인 수로 나눌 때처럼 48을 50이라고 가정한 후 많거나 부족한 부분을 조절하면서 계산한다.

먼저 23을 50으로 나눌 수 없으므로 아래와 같이 적어 둔다.

$$0.$$

23을 5로 나누면 몫이 4, 나머지는 3이므로,

$$0.4$$

$$3$$

몫 아래에 나머지를 적는다.

나누는 수의 일의 자리가 9라면 34를 다시 5로 나누면 되지만 지금은 8이므로 같은 방법을 쓸 수 없다. 9일 때는 조절해야 하는 수가 몫과 똑같기 때문에 나머지 30에 몫 4를 더해 34를 만들었지만, 지금은 48을 50으로 보고 계산하고 있으므로 48과 50의 차를 조절해 주어야 한다. 즉 몫이 4이므로 48과 50의 차 2를 네 번 보충해서 계산해야 한다.

8 … 몫 × 2

0 . 4 … 몫   23 ÷ 5 = 4 나머지 3

3 … 나머지

나머지가 3이고, 조절해야 하는 수는 몫 × 2, 즉 4 × 2 = 8이다. 나머지 3을 십의 자리로, 조절해야 하는 수 8을 일의 자리로 한 38을 가지고 나눗셈을 계속한다.

38 ÷ 5 = 7, 나머지는 3, 7 × 2 = 14만큼 조절해 주어야 하므로,

8 ⟨14⟩ … 몫 × 2

0 . 4 7 … 몫   38 ÷ 5 = 7 나머지 3

3 3 … 나머지

다음번에 나누어지는 수는 십의 자리가 3, 일의 자리가 14이므로 올림해서 44가 된다. 이 방법을 사용하면 일의 자리가 9인 수로 나눌 때와 마찬가지로 소수점 아래 몇 자리까지도 계산이 가능하다.

9 DAY

일의 자리가 7인 수로 나누는 계산법

일의 자리가 7인 수로 나눌 때는 어떨까? 이때도 같은 방법을 사용할 수 있다.
다음 문제를 보자.

$$39 \div 57 =$$

57을 60이라고 가정한 후 수지계산으로 조절해 주면서 계산한다.
$39 \div 6 = 6$, 나머지는 3이므로,

$$0.6$$
$$3$$

57과 60의 차를 조절해야 하므로, 몫 × 3, 즉 $6 \times 3 = 18$을 적으면

◇ 18 ⋯ 몫 × 3

0 . 6 ⋯ 몫 $39 \div 6 = 6$ 나머지 3

△ 3 ⋯ 나머지

십의 자리가 3, 일의 자리가 18이므로 1을 올려 주면 다음에 나누어지는 수는 48이된다.

48 ÷ 6 = 8, 나머지는 0이므로,

18 24 … 몫 × 3

0 . 6 8 … 몫   48 ÷ 6 = 8 나머지 0

3   0 … 나머지

같은 방법으로 계산을 계속해 보자.

9 DAY

일의 자리가 6인 수로
나누는 계산법

나누는 수의 일의 자리가 6일 때에도 같은 방법을 이용한다.

$$19 \div 36 =$$

36을 40이라고 가정하고 19를 4로 나누면 몫은 4, 나머지는 3이 된다.

0.4

3

부족한 부분을 맞추려면 36과 40의 차 4에 몫 4를 곱한 16을 조절하면 된다.

다음번에 나누어지는 수는 십의 자리가 3, 일의 자리가 16이므로, 46으로 계산을 계속하면 46 ÷ 4 = 11, 나머지는 2가 된다.

그런데 몫이 10을 초과하므로 소수점 아래 첫째 자리로 1을 올려 준다.

조절해야 하는 수는 11 × 4 = 44이다.

다음에 나누어지는 수는 십의 자리가 2, 일의 자리가 44이므로 64이다. 64를 4로 나누면 16, 나머지는 0이다. 이때도 몫이 10이 넘으므로 올림을 해준다. 조절해 주어야 할 수는 16 × 4 = 64이다.

이제부터는 계속 64를 4로 나누게 되고 나머지는 0, 조절해 주는 수는 64이다. 따라서 답은 0.5277777…이 된다. 그런데 몫이 두 자리 수이고 올림이 있는데다가 조절해야 할 수가 커져서 계산이 복잡하다. 39를 40으로 가정하여 계산할 때는 오차가 작아서 수지계산이 간단했지만 36의 경우에는 오차가 커지기 때문이다.

Point ■■■■

몫이 10이 넘을 때는 한 자리 앞으로 1을 올려 준다. 이 계산 방식에서 가장 어려운 것이 일의 자리가 6인 경우다. 5 이하부터는 다양한 방법으로 이 같은 번거로움을 해결할 수 있다.

일의 자리가 5인 수로 나누는 계산법

9 DAY

$$34 \div 45 =$$

45를 50으로 가정하고 계산해도 되지만 45와 50의 차가 커서 계산이 복잡해진다. 일의 자리가 5일 때는 양쪽에 2를 곱해 나누는 수의 일의 자리를 0으로 만든다.

$$68 \div 90 =$$

68÷9를 계산한 후 마지막에 소수점을 한 자리 앞으로 옮겨 주면 된다.

$$34 \div 145 =$$

이 문제도 일의 자리가 5이므로 나누어지는 수와 나누는 수에 2를 곱한다.

$$68 \div 290 =$$

68÷29를 '일의 자리가 9인 수로 나누는 방법'으로 계산한 다음 소수점 위치를 옮기면 답을 쉽게 구할 수 있다.

일의 자리가 4인 수로 나누는 계산법

나누는 수의 일의 자리가 4일 때는 어떻게 해야 할까?

$$25 \div 74 =$$

나누어지는 수, 나누는 수에 각각 5를 곱한다.

$$125 \div 370 =$$

이렇게 하면 125 ÷ 37을 계산한 다음 소수점 위치를 옮겨 답을 구할 수 있다.
양쪽에 2를 곱해서 '일의 자리가 8인 수로 나누는 방법'을 이용할 수도 있다.

$$50 \div 148 =$$

이때 주의할 점은 5배를 했을 때는 나누는 수가 그대로 두 자리 수이지만 2배를 하면 나누는 수가 세 자리 수가 되어 계산이 상당히 복잡해진다.

9 DAY

일의 자리가 3인 수로 나누는 계산법

나누는 수의 일의 자리가 3일 경우를 생각해 보자.

$$14 \div 23 =$$

일의 자리가 3인 수로 나눌 때는 나누어지는 수와 나누는 수에 각각 3을 곱한다.

$$42 \div 69 =$$

이제 '일의 자리가 9인 수로 나누는 방법'을 이용할 수 있다.

Point ■■■■
나누는 수의 일의 자리가 4일 때는 2, 3일 때는 3을 곱해서 6 이상이 되도록 조정한다.

일의 자리가 2인 수로
나누는 계산법

일의 자리가 2인 수로 나눌 때는 어떻게 하면 될까?

$$33 \div 52 =$$

나누어지는 수와 나누는 수에 각각 5를 곱한다.

$$165 \div 260 =$$

$165 \div 26$을 계산한 후 소수점을 한 자리 앞으로 옮기면 답을 구할 수 있다.

Point ■■■■

'일의 자리가 ~인 수로 나누는 계산 방법'은 나누는 수가 나누어지는 수보다 클 경우, 즉 몫이 '0.⋯' 일 경우에만 사용 가능하다. 예를 들어 $1867 \div 34$ 같은 문제에서는 일반적인 방법대로 계산하여 나머지를 구한다. 나머지를 이용해서 소수점 이하를 구할 때는 여기서 소개한 방법을 사용할 수 있다.

9 DAY

일의 자리가 1인 수로
나누는 계산법

일의 자리가 1인 수로 나눌 때에는 지금까지와는 다른 방법을 사용해야 한다.

$$67 \div 81 =$$

나누어지는 수, 나누는 수 양쪽에서 1을 뺀다.

$$66 \div 80 =$$

66÷8은 몫이 8, 나머지가 2이므로, 다음과 같이 적는다.

$$0.8$$
$$2$$

지금까지는 몫과 나머지의 숫자를 조합하여 계산했는데, 나누는 수의 일의 자리가 1일 때에는 한 가지 절차가 더 필요하다.

위쪽에 9를 기준으로 몫의 보수를 적는다. 보수에 대해 다시 한번 설명하면 보수는 더해서 일정한 수가 되게 하는 수로, 9에 대한 보수는 더해서 9가 되는 수이다. 몫 8이 9가 되려면 1을 더해 주어야 하므로 8의 보수는 1이다.

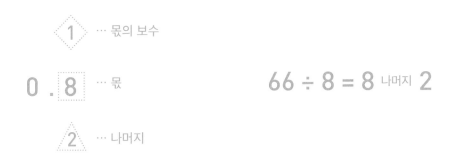

1 ··· 몫의 보수

0 . 8 ··· 몫

2 ··· 나머지

66 ÷ 8 = 8 나머지 2

나머지 2를 십의 자리 수로, 몫의 보수 1을 일의 자리 수로 조합한 21을 가지고 나눗셈을 계속한다. 21 ÷ 8 = 2, 나머지는 5이다.

1

0 . 8   2

2   5

다시 몫 2의 보수 7을 위쪽에 적는다.

몫의 보수

1   7

0 . 8   2

2   5

나머지

21 ÷ 8 = 2 나머지 5

나머지 5를 십의 자리 수로, 몫의 보수 7을 일의 자리 수로 한 57을 다시 8로 나누어 주면 된다.

▶ 정답 : 122쪽

다음 나눗셈을 소수점 아래 세 자리까지 구해 보자.(소수점 아래 네 자리부터는 버림.)

$$79\overline{)32}\qquad 49\overline{)22}$$

$$38\overline{)33}\qquad 78\overline{)17}$$

$$87\overline{)53}\qquad 97\overline{)43}$$

$$76\overline{)23}\qquad 46\overline{)31}$$

$$75 \overline{)43} \qquad 65 \overline{)23}$$

$$74 \overline{)21} \qquad 94 \overline{)41}$$

$$63 \overline{)32} \qquad 33 \overline{)23}$$

$$92 \overline{)53} \qquad 72 \overline{)19}$$

$$71 \overline{)13} \qquad 91 \overline{)64}$$

정답

104쪽

744÷16=46.5

765÷15=51.0

4323÷5=864.6

8342÷5=1668.4

242÷25=9.6

8324÷25=332.9

321÷125=2.5

763÷125=6.1

8472÷98=86.4

3245÷97=33.4

8032÷105=76.4

2134÷102=20.9

120~121쪽

32÷79=0.405

22÷49=0.448

33÷38=0.868

17÷78=0.217

53÷87=0.609

43÷97=0.443

23÷76=0.302

31÷46=0.673

43÷75=0.573

23÷65=0.353

21÷74=0.283

41÷94=0.436

32÷63=0.507

23÷33=0.696

53÷92=0.576

19÷72=0.263

13÷71=0.183

64÷91=0.703

5장

제곱 계산과
연립방정식

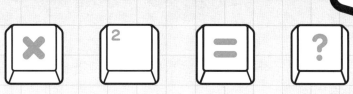

제곱 계산

지금까지 가장 기본적인 계산 방법인 덧셈, 뺄셈, 곱셈, 나눗셈에 대해 살펴보았다. 하지만 이것은 인도에서는 초등학생들이 배우는 기초적인 내용에 불과하다. 이제 난이도를 조금 높여 보자.

$$25^2 =$$

간단한 제곱 계산 문제이다. 25 × 25로 바꾸어 계산하면 되는데, 순서대로 계산할 필요는 없다. 25에 4를 곱하면 100이 된다는 것을 이용한다.

$$25 \times 25 = (25 \div 4) \times (25 \times 4)$$
$$= 6.25 \times 100$$
$$= 625$$

제곱 계산은 곱셈으로 구하는 것이 기본 방법인데, 이때는 앞에서 배운 곱셈 방법을 이용하면 쉽게 풀 수 있다.

$24^2 = ?$

24^2은 어떻게 구할까? 24×24를 계산해도 되지만, 앞에서 구한 25^2을 이용해 보자. 다음은 중학교에서 배우는 인수분해 공식이다.

$$(a - 1)^2 = a^2 - 2a + 1$$

$a = 25$를 대입하면 답을 구할 수 있지만 계산이 복잡해진다. 이 공식을 다음과 같이 고쳐 보자.

$$(a - 1)^2 = a^2 - 2a + 1 = a^2 - a - (a - 1)$$

여기에 $a = 25$를 대입한다.

$$24^2 = 25^2 - 25 - 24 = 625 - 25 - 24 = 576$$

덧셈과 뺄셈만으로 답이 나왔다. 999^2도 이 방법을 사용하면 쉽게 구할 수 있다.

$$999^2 = 1000^2 - 1000 - 999$$

제곱 계산과 연립방정식 3

$26^2 = ?$

$25^2 = 625$를 알고 있으면 이를 이용해서 26^2도 쉽게 계산할 수 있다.

$$(a+1)^2 = a^2 + 2a + 1 = a^2 + a + (a+1)$$

변형된 공식에 대입하면,

$$26^2 = 625 + 25 + 26 = 676$$

덧셈만으로 제곱 계산을 할 수 있다.
999^2과 마찬가지로 1001^2을 구할 때에도 이 원리를 응용할 수 있다.

Point ■■■■

공식만 보면 복잡해 보일지 모르지만 구조는 간단하다. 특히 기준이 되는 수의 제곱값을 이미 알고 있을 경우 이 방법을 유용하게 사용할 수 있다.

연립방정식

재미있는 문제를 풀어 보자. 학과 거북이 모두 13마리 있다. 다리의 수는 모두 40개이다. 학과 거북은 각각 몇 마리 있을까?

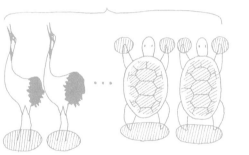

합해서 13마리

윗다리 개수
40-26=14개

아랫다리 개수
2×13=26개

학은 다리가 2개, 거북은 4개이다. 만약 13마리가 모두 학이라면 다리의 개수는

$$2 \times 13 = 26$$

26개가 될 것이다. 그런데 문제에서는 40개라고 했으므로 14개가 더 많다. 거북의 다리가 학보다 2개 더 많기 때문이다.

$$14 \div 2 = 7$$

그러므로 거북은 7마리이고, 합해서 13마리라고 했으므로 학은 6마리이다.

학교에서는 이 문제를 연립방정식을 이용해서 푼다.
학의 수를 x, 거북의 수를 y라고 하고 연립방정식을 만든다.
학과 거북의 수는 모두 13마리이므로 식 ①을 만들 수 있다. 또한 학의 다리 수는 2x, 거북의 다리 수는 4y이고, 다리를 모두 더하면 40개이므로 식 ②를 만들 수 있다.

$$x + y = 13 \quad \cdots\cdots\cdots\cdots\cdots\cdots\cdots\cdots ①$$
$$2x + 4y = 40 \quad \cdots\cdots\cdots\cdots\cdots\cdots\cdots ②$$

①의 양쪽 항에 2를 곱한다.

$$2x + 2y = 26 \quad \cdots\cdots\cdots\cdots\cdots\cdots\cdots ①'$$
$$2x + 4y = 40 \quad \cdots\cdots\cdots\cdots\cdots\cdots\cdots ②$$

②에서 ①'를 빼면,

$$2y = 14$$
$$y = 7$$

y, 즉 거북의 수를 구할 수 있다. ①에 y = 7을 대입하면 x, 즉 학의 수도 구할 수 있다. 연립방정식을 풀 때는 이와 같이 x, y 중 하나를 없애는 것이 핵심이다. 그런데 인도수학에서는 다음과 같은 공식을 이용한다.

$ax + by = c, dx + ey = f$일 때

$$X = \frac{bf - ec}{db - ea}$$

굉장히 복잡하고 외우기도 어려워 보인다. 그런데 자세히 살펴보면 사실 매우 간단한 모양을 하고 있다.

$$a \; x \quad + \quad b \; y \quad = \quad c$$
$$d \; x \quad + \quad e \; y \quad = \quad f$$

분자 부분이 X자 모양을 이루고 있다.
분모 쪽도 마찬가지다.

$$a \; x \quad + \quad b \; y \quad = \quad c$$
$$d \; x \quad + \quad e \; y \quad = \quad f$$

복잡해 보이지만, 시각적으로 기억하면 그다지 어렵지 않다. 이 공식에 앞의 문제를 대입해 보자.

$$X = \frac{(1 \times 40 - 4 \times 13)}{(1 \times 2 - 4 \times 1)}$$

$$= \frac{(40 - 52)}{(2 - 4)}$$

$$= \frac{(-12)}{(-2)} = 6$$

x값을 구했다. 이제 x의 값을 대입하면 y는 간단하게 구할 수 있다. 이처럼 인도수학 공식을 이용하면 방정식을 조작하지 않아도 단순 계산으로 연립방정식을 풀 수 있다.

한편 다음과 같은 연립방정식의 경우에는 y의 계수에 부호를 포함하는 것을 주의해야 한다.

$$5x - 3y = 11$$
$$6x - 5y = 9$$

$$X = \frac{(-3) \times 9 - (-5) \times 11}{(-3) \times 6 - (-5) \times 5}$$

$$= \frac{(-27) - (-55)}{(-18) - (-25)}$$

$$= \frac{(-27 + 55)}{(-18 + 25)}$$

$$= \frac{28}{7}$$

$$= 4$$

연습문제

제곱 계산을 해 보자.

$66^2 = 4356$

$67^2 = $ _____

$65^2 = $ _____

$1234^2 = 1522756$

$1233^2 = $ _____

$1235^2 = $ _____

인도수학 공식을 이용하여 다음 연립방정식을 풀어 보자.

1) $3x + 7y = 88$

$6x + y = 85$

2) $x + y = 53$

$4x - y = 52$

정답

131쪽

$67^2 = 4489$

$65^2 = 4225$

$1233^2 = 1520289$

$1235^2 = 1525225$

1) $x=13, y=7$

2) $x=21, y=32$

지은이 **마키노 다케후미**

과학 전문 저술가. 지은 책으로 《계산이 빨라지는 인도 베다수학》, 《도형이 쉬워지는 인도 베다수학》, 《구글의 철학》 등이 있다.

감수 비바우 칸트 우파데아에

1969년 인도에서 태어나 도쿄 대학 정보과학과 대학원에서 수학과 컴퓨터사이언스를 공부하고, 동 대학 연구원을 역임했다. 1996년 인도센터를 설립하여 인도의 문화를 알리는 데 힘쓰고 있다.

감수 가도쿠라 다카시

1995년 게이오기주쿠대학 경제학부를 졸업했다. 하마긴종합연구소, 일본경제연구센터, 싱가포르 동남아시아연구소 (ISEAS), 다이이치생명경제연구소를 거쳐 BRICs 경제 연구소 대표를 맡고 있다. 지은 책으로는 《꼬리에 꼬리를 무는 도미노 경제학》, 《인도 리포트》, 《숫자의 이면을 귀신같이 읽는 힘 통계센스》 등이 있다.

일러스트 노마치 미네코

옮긴이 고선윤

서울대학교 동양사학과를 졸업하고 한국외국어대학교 일어일문학과 박사 과정을 수료했다. 옮긴 책으로는 《계산이 빨라지는 인도 베다수학》, 《도형이 쉬워지는 인도 베다수학》, 《수학의 언어로 세상을 본다면》 등이 있다.

계산이 빨라지는 **인도 베다수학**
기적의 계산법

1판 1쇄 펴낸 날 2023년 2월 10일
1판 2쇄 펴낸 날 2023년 10월 10일

지은이 마키노 다케후미
감수 비바우 칸트 우파데아에, 가도쿠라 다카시
옮긴이 고선윤

펴낸이 박윤태
펴낸곳 보누스
등록 2001년 8월 17일 제313-2002-179호
주소 서울시 마포구 동교로12안길 31 보누스 4층
전화 02-333-3114
팩스 02-3143-3254
이메일 viking@bonusbook.co.kr
블로그 http://blog.naver.com/vikingbook

ISBN 978-89-6494-603-9 03410

＊ 이 책은 《계산이 빨라지는 인도 베다수학》의 개정판입니다.

바이킹은 보누스출판사의 어린이책 브랜드입니다.

• 책값은 뒤표지에 있습니다.

부록

19 × 19단

① 곱셈표를 점선에 맞추어 잘라요.
* 주의! 가위로 자를 때는 다치지 않게 조심해요.

② 친구에게 문제를 내 보세요.
함께 구구단 놀이를 할 수 있어요.

2 × 1 = 2	3 × 1 = 3	4 × 1 = 4
2 × 2 = 4	3 × 2 = 6	4 × 2 = 8
2 × 3 = 6	3 × 3 = 9	4 × 3 = 12
2 × 4 = 8	3 × 4 = 12	4 × 4 = 16
2 × 5 = 10	3 × 5 = 15	4 × 5 = 20
2 × 6 = 12	3 × 6 = 18	4 × 6 = 24
2 × 7 = 14	3 × 7 = 21	4 × 7 = 28
2 × 8 = 16	3 × 8 = 24	4 × 8 = 32
2 × 9 = 18	3 × 9 = 27	4 × 9 = 36
2 × 10 = 20	3 × 10 = 30	4 × 10 = 40
2 × 11 = 22	3 × 11 = 33	4 × 11 = 44
2 × 12 = 24	3 × 12 = 36	4 × 12 = 48
2 × 13 = 26	3 × 13 = 39	4 × 13 = 52
2 × 14 = 28	3 × 14 = 42	4 × 14 = 56
2 × 15 = 30	3 × 15 = 45	4 × 15 = 60
2 × 16 = 32	3 × 16 = 48	4 × 16 = 64
2 × 17 = 34	3 × 17 = 51	4 × 17 = 68
2 × 18 = 36	3 × 18 = 54	4 × 18 = 72
2 × 19 = 38	3 × 19 = 57	4 × 19 = 76

5 × 1 = 5	6 × 1 = 6	7 × 1 = 7
5 × 2 = 10	6 × 2 = 12	7 × 2 = 14
5 × 3 = 15	6 × 3 = 18	7 × 3 = 21
5 × 4 = 20	6 × 4 = 24	7 × 4 = 28
5 × 5 = 25	6 × 5 = 30	7 × 5 = 35
5 × 6 = 30	6 × 6 = 36	7 × 6 = 42
5 × 7 = 35	6 × 7 = 42	7 × 7 = 49
5 × 8 = 40	6 × 8 = 48	7 × 8 = 56
5 × 9 = 45	6 × 9 = 54	7 × 9 = 63
5 × 10 = 50	6 × 10 = 60	7 × 10 = 70
5 × 11 = 55	6 × 11 = 66	7 × 11 = 77
5 × 12 = 60	6 × 12 = 72	7 × 12 = 84
5 × 13 = 65	6 × 13 = 78	7 × 13 = 91
5 × 14 = 70	6 × 14 = 84	7 × 14 = 98
5 × 15 = 75	6 × 15 = 90	7 × 15 = 105
5 × 16 = 80	6 × 16 = 96	7 × 16 = 112
5 × 17 = 85	6 × 17 = 102	7 × 17 = 119
5 × 18 = 90	6 × 18 = 108	7 × 18 = 126
5 × 19 = 95	6 × 19 = 114	7 × 19 = 133

8 × 1 = 8	9 × 1 = 9	10 × 1 = 10
8 × 2 = 16	9 × 2 = 18	10 × 2 = 20
8 × 3 = 24	9 × 3 = 27	10 × 3 = 30
8 × 4 = 32	9 × 4 = 36	10 × 4 = 40
8 × 5 = 40	9 × 5 = 45	10 × 5 = 50
8 × 6 = 48	9 × 6 = 54	10 × 6 = 60
8 × 7 = 56	9 × 7 = 63	10 × 7 = 70
8 × 8 = 64	9 × 8 = 72	10 × 8 = 80
8 × 9 = 72	9 × 9 = 81	10 × 9 = 90
8 × 10 = 80	9 × 10 = 90	10 × 10 = 100
8 × 11 = 88	9 × 11 = 99	10 × 11 = 110
8 × 12 = 96	9 × 12 = 108	10 × 12 = 120
8 × 13 = 104	9 × 13 = 117	10 × 13 = 130
8 × 14 = 112	9 × 14 = 126	10 × 14 = 140
8 × 15 = 120	9 × 15 = 135	10 × 15 = 150
8 × 16 = 128	9 × 16 = 144	10 × 16 = 160
8 × 17 = 136	9 × 17 = 153	10 × 17 = 170
8 × 18 = 144	9 × 18 = 162	10 × 18 = 180
8 × 19 = 152	9 × 19 = 171	10 × 19 = 190

11 × 1 = 11	12 × 1 = 12	13 × 1 = 13
11 × 2 = 22	12 × 2 = 24	13 × 2 = 26
11 × 3 = 33	12 × 3 = 36	13 × 3 = 39
11 × 4 = 44	12 × 4 = 48	13 × 4 = 52
11 × 5 = 55	12 × 5 = 60	13 × 5 = 65
11 × 6 = 66	12 × 6 = 72	13 × 6 = 78
11 × 7 = 77	12 × 7 = 84	13 × 7 = 91
11 × 8 = 88	12 × 8 = 96	13 × 8 = 104
11 × 9 = 99	12 × 9 = 108	13 × 9 = 117
11 × 10 = 110	12 × 10 = 120	13 × 10 = 130
11 × 11 = 121	12 × 11 = 132	13 × 11 = 143
11 × 12 = 132	12 × 12 = 144	13 × 12 = 156
11 × 13 = 143	12 × 13 = 156	13 × 13 = 169
11 × 14 = 154	12 × 14 = 168	13 × 14 = 182
11 × 15 = 165	12 × 15 = 180	13 × 15 = 195
11 × 16 = 176	12 × 16 = 192	13 × 16 = 208
11 × 17 = 187	12 × 17 = 204	13 × 17 = 221
11 × 18 = 198	12 × 18 = 216	13 × 18 = 234
11 × 19 = 209	12 × 19 = 228	13 × 19 = 247

14 × 1 = 14	15 × 1 = 15	16 × 1 = 16
14 × 2 = 28	15 × 2 = 30	16 × 2 = 32
14 × 3 = 42	15 × 3 = 45	16 × 3 = 48
14 × 4 = 56	15 × 4 = 60	16 × 4 = 64
14 × 5 = 70	15 × 5 = 75	16 × 5 = 80
14 × 6 = 84	15 × 6 = 90	16 × 6 = 96
14 × 7 = 98	15 × 7 = 105	16 × 7 = 112
14 × 8 = 112	15 × 8 = 120	16 × 8 = 128
14 × 9 = 126	15 × 9 = 135	16 × 9 = 144
14 × 10 = 140	15 × 10 = 150	16 × 10 = 160
14 × 11 = 154	15 × 11 = 165	16 × 11 = 176
14 × 12 = 168	15 × 12 = 180	16 × 12 = 192
14 × 13 = 182	15 × 13 = 195	16 × 13 = 208
14 × 14 = 196	15 × 14 = 210	16 × 14 = 224
14 × 15 = 210	15 × 15 = 225	16 × 15 = 240
14 × 16 = 224	15 × 16 = 240	16 × 16 = 256
14 × 17 = 238	15 × 17 = 255	16 × 17 = 272
14 × 18 = 252	15 × 18 = 270	16 × 18 = 288
14 × 19 = 266	15 × 19 = 285	16 × 19 = 304

17 × 1 = 17	18 × 1 = 18	19 × 1 = 19
17 × 2 = 34	18 × 2 = 36	19 × 2 = 38
17 × 3 = 51	18 × 3 = 54	19 × 3 = 57
17 × 4 = 68	18 × 4 = 72	19 × 4 = 76
17 × 5 = 85	18 × 5 = 90	19 × 5 = 95
17 × 6 = 102	18 × 6 = 108	19 × 6 = 114
17 × 7 = 119	18 × 7 = 126	19 × 7 = 133
17 × 8 = 136	18 × 8 = 144	19 × 8 = 152
17 × 9 = 153	18 × 9 = 162	19 × 9 = 171
17 × 10 = 170	18 × 10 = 180	19 × 10 = 190
17 × 11 = 187	18 × 11 = 198	19 × 11 = 209
17 × 12 = 204	18 × 12 = 216	19 × 12 = 228
17 × 13 = 221	18 × 13 = 234	19 × 13 = 247
17 × 14 = 238	18 × 14 = 252	19 × 14 = 266
17 × 15 = 255	18 × 15 = 270	19 × 15 = 285
17 × 16 = 272	18 × 16 = 288	19 × 16 = 304
17 × 17 = 289	18 × 17 = 306	19 × 17 = 323
17 × 18 = 306	18 × 18 = 324	19 × 18 = 342
17 × 19 = 323	18 × 19 = 342	19 × 19 = 361

연습장

연습장

연습장